魅力女性形象设计

饶蓉蓉 赵艳侠
许美霞 文 静
著

民主与建设出版社
·北京·

© 民主与建设出版社，2019

图书在版编目（CIP）数据

魅力女性形象设计 / 饶蓉蓉等著. — 北京：民主与建设出版社，2019.7

ISBN 978-7-5139-2566-2

Ⅰ.①魅… Ⅱ.①饶… Ⅲ.①女性－形象－设计 Ⅳ.①B834.3

中国版本图书馆 CIP 数据核字(2019)第 151526 号

魅力女性形象设计
MEILI NÜ XING XINGXIANG SHEJI

出 版 人	李声笑
著　　者	饶蓉蓉　赵艳侠　许美霞　文　静
责任编辑	周佩芳
封面设计	尚世视觉
出版发行	民主与建设出版社有限责任公司
电　　话	（010）59417747　59419778
社　　址	北京市海淀区西三环中路10号望海楼E座7层
邮　　编	100142
印　　刷	三河市长城印刷有限公司
版　　次	2019 年9月第1版
印　　次	2019 年9月第1次印刷
开　　本	710 毫米×1000 毫米 1/16
印　　张	16.5
字　　数	220千字
书　　号	ISBN 978-7-5139-2566-2
定　　价	48.00元

注：如有印、装质量问题，请与出版社联系。

前言

如今，无论是企业还是个人，都对形象极为重视。由于市场需求，个人形象设计机构也不断涌现。为了打造最佳个人形象，很多爱美人士都涌向了这些机构，接受形象指导和形象设计。

对于女性来说，保持完美的形象更显无价。好的形象，不仅在于外在美，更是个人高品位和好性格的外在体现。素面朝天，不仅不会营造好的精神面貌，更无法增强一个人的自信。只有得体的妆容和形象，才能使自己看起来更精神，也才能得到更多的机会。

著名主持人杨澜曾说："没有人愿意通过你邋遢的外表，了解你高尚的灵魂。"外在形象的重要性由此可见一斑。只有好的形象，才能给他人留下好的第一印象。而印象就是形象，形象代表了个人的影响力，影响着人们生活的方方面面。

形象关系着爱情。形象对爱情的影响不言而喻，对女性来说更是如此。形象是女性很好的名片，无论什么样的男人都喜欢形象好又有内涵的女性；同样，形象也是一种沟通方式，好的形象会传递出一种积极的能量，让你爱的人接受你、爱上你。

形象关系着你的事业。数据显示，形象直接影响着个人的收入水平，形象魅力高的人收入通常比普通人要高一些。好的形象是获得高薪职业的

敲门砖。职场中要想让自己发展得更顺利，不仅要重视工作能力，也要重视自身形象的塑造。

形象关系着你的下一代。这一点主要是针对已婚女性。懂得形象管理的母亲，往往更能教育出懂得自我完善的孩子。同时，母亲的外在形象也会影响孩子的内心，会让他们产生骄傲或自卑的情绪。

因此，可以说，你的形象价值无限！形象是一笔无形的资产，能力和魅力都藏在你的个人形象里。那么，这里的形象究竟指的是什么呢？其实，形象并不是说自己一定要长得多好看，而是要学会管理形象，提高皮肤保养、穿着打扮和维持身形方面的意识和常识。对女性而言，精彩的生活，从改变自身形象的那一刻开始！

在家中，为了放松自己，可以穿得随意些，但外出一定要注重个人形象，换句话说就是要懂得个人形象设计。

当然，任何人都不是天生就会打扮，都需要经过一个学习的过程。要想将自己最好的一面呈现在他人面前，就一定要懂得形象设计。或许开始阶段你会感到无从下手，但只要从本书提到的要点入手，尝试进行自我形象设计，就能慢慢汲取经验，从而打造出独具魅力的自我形象。

目录

第一章　从头做起：细心经营靓丽秀发 / 1
　　◎保持头发清洁，不让皮屑满头飞 / 2
　　◎阳光太毒，不要将头发直接暴露在烈日下 / 5
　　◎使用正品洗发水，不要使用杂牌货 / 8
　　◎梳子的选择与巧妙使用 / 10
　　◎不同发质的保养要点 / 12
　　◎头皮护理才是养发的基础 / 14
　　◎用吹风机吹出润滑感 / 17
　　◎不要跟"自来卷"作对 / 21
　　◎合理饮食，不掉发 / 23
　　◎产后护发的妙方 / 24
　　◎根据自己的脸型来搭配发型 / 26

第二章　美眉媚目：主动彰显心灵之窗的魅影 / 29
　　◎掌握正确的眉毛修剪方法 / 30
　　◎拔眉毛，只能伤害了毛囊 / 33
　　◎了解掌握眼部彩妆的上妆技巧 / 35
　　◎如何画出漂亮的眼线 / 38
　　◎怎样选用睫毛膏 / 41
　　◎正确卸妆，才能呵护睫毛 / 43
　　◎消除疲劳，关注眼睛呵护 / 45
　　◎治理黑眼圈，减少熊猫眼 / 48
　　◎消除眼袋，成就"绝袋佳人" / 50
　　◎5分钟消除眼睑浮肿 / 52

◎巧妙对付眼角纹 / 54

◎眼睛疼，怎么办 / 57

第三章　樱唇皓齿：动人从微笑开始 / 59

◎千万不要舔嘴唇 / 60

◎养成涂润唇膏的好习惯 / 61

◎嘴唇，也可以做按摩 / 63

◎掌握丰润的朱唇保湿法 / 64

◎如何对付娇唇干燥蜕皮 / 66

◎巧妙上妆，改变唇形 / 68

◎注意牙齿卫生，保护好牙齿 / 70

◎食物嵌塞，急招去除 / 71

◎吃完饭后，要漱口 / 73

◎充分咀嚼，洁净口腔 / 75

◎牙疼不是病，疼起来能要命 / 76

第四章　面部保养：掌握呵护皮肤的秘籍 / 79

◎做好个人面部肌肤护理 / 80

◎及时补水保湿，不干燥 / 82

◎定期去角质，保持正常的新陈代谢 / 83

◎睡觉之前，彻底卸妆 / 85

◎小小一张面膜，就能抗皱保湿 / 88

◎按摩肌肤，让肌肤血液循环更快 / 90

◎将面部皱纹除去的良方 / 92

◎收缩毛孔，消除大毛孔 / 94

◎痘痘来了不要慌 / 97

◎揭秘维生素护肤原理 / 99

◎根据自己的年龄，怎么挑选合适的护肤方法 / 101

◎阳光美人的防晒锦囊 / 105

◎小心伺候"大姨妈" / 106

第五章　精巧妆容：提高个人魅力 / 109

◎不洁皮肤，不上妆 / 110

◎掌握正确的上妆步骤 / 113

目录

◎巧妙使用化妆棉 / 116

◎腮红上妆经典六式 / 118

◎遮掩瑕疵的绝妙技巧 / 120

◎如何用粉底修正脸型 / 122

◎化妆跟着脸型走 / 127

◎下巴俏丽的新法则 / 130

◎炎炎夏季化妆必知 / 132

◎六类场合化妆要点 / 134

第六章 手部护理：用白嫩的手来添彩 / 137

◎不能忽视了护手霜 / 138

◎冷天出门，不要忘了戴手套 / 141

◎洗碗时，不要忘了带胶手套 / 143

◎每周去角质 / 145

◎休闲时间做做手部运动 / 147

◎勤剪指甲，讲卫生 / 148

◎根据自己的手形打造完美的甲形 / 149

◎用点指甲油，让指甲也美一美 / 150

第七章 穿着打扮：熟知外包装潜规则 / 153

◎服装不一定高档华贵，但须保持清洁 / 154

◎根据不同需要进行颜色的选择和搭配 / 158

◎不同体形，着装也要有所不同 / 160

◎清爽干练的日间约会装 / 162

◎稳重优雅的商务晚宴装 / 163

◎宝贝内衣，呵护甜美 / 166

◎风情露肩装露出妩媚 / 169

◎露脐装凸现魅力 / 171

◎小丝巾，大作用 / 173

◎配好你的手提包 / 176

◎美丽投资，配件先行 / 178

第八章 饮食秘方：美丽也要吃出来 / 181

◎女人30，要补钙 / 182

◎维生素一个也不能少 / 186

◎天天吃豆三钱，何需服药连年 / 188

◎枸杞是天然美容圣品 / 190

◎大枣是"活维生素 C 丸" / 192

◎女人减肥，马铃薯是首选 / 194

◎巧食番茄，"吃细"下半身 / 195

◎多吃蛋类好养颜 / 198

◎各种养颜茶的奥妙 / 200

◎瘦弱女性的美丽食谱 / 202

◎少女的健身饮食规划 / 205

第九章　健身塑形：好身材，更自信 / 207

◎瑜伽不仅可以塑造外形，还能改变心态 / 208

◎跳绳是适合女性的有氧运动 / 211

◎要塑形，常游泳 / 215

◎骑自行车的记忆，确实很美 / 218

◎健步走是一项有效的心肺练习 / 222

◎搏击运动，让全身动起来 / 226

◎高山滑雪，提高灵敏度 / 230

◎健身运动的三大原则 / 233

◎健身运动的禁忌 / 236

◎健身运动的四个误区 / 239

◎办公室简易健身操 / 242

◎做产后健身操 / 245

◎春季健身运动 / 247

◎夏日健身运动 / 250

◎秋季健身运动 / 253

◎冬季健身运动 / 255

第一章

从头做起：细心经营靓丽秀发

◎保持头发清洁,不让皮屑满头飞

每个人的发质都不一样,有的人不洗头发,头皮屑都很少,而有的人刚洗过头,头皮屑还是会像雪花一样"飘满天"。头皮屑不仅影响个人的面貌形象,严重的还会造成真菌感染,导致头皮患上"头皮屑斑"。

其实,肉眼可见的头皮屑是头皮角质化过程中正常的代谢产物,随时都会随着皮肤的新陈代谢不断脱落。通常,在皮肤功能异常时,头皮屑会显著增多,洗头太勤或洗发水使用不当,就会出现皮肤干燥,缺乏水分,继而引发脂溢性皮炎等,这些情况都可能引起飘舞的头屑。

一、用正确的方式洗头发

要想让自己保持靓丽的外形,就要保持头发的清洁。如何做到这一点呢?选用正确的洗头方式是首要任务。正确方式如下:

(1)用洗发水洗头之前,必须将头发全部打湿,以便更好地去除头发内隐藏的污垢,避免污垢伤害头发。

(2)将洗发水滴到手掌后,先揉搓到起泡,然后均匀地涂抹在头发上,如此既能减轻头发的负担,又能有效防止碱性物质残留在头发上。

(3)洗头发的时间最短不能少于3分钟,最多不超过5分钟。当然如果头发很长,可以适当延长洗头时间。洗头时,要重点清洗后脑勺部位,因为该部位很容易积累油脂。

（4）洗头不能只洗头发，还要留意头皮。皮脂累积在头皮上，容易滋生细菌，不仅会影响头发的健康生长，也会造成脱发。

（5）要用清水将头发完全冲洗干净，然后再用护发素。

（6）经常对头皮进行按摩。按摩时，要用指腹部按摩，不能用指尖抓挠头皮。按摩头皮能够放松心情，促使头部血液流动，使头发更好地生长。

（7）不要在一天内洗两次头，过分张开毛鳞片会损害头发，也会洗掉必要的油分，造成头发干枯。

（8）选择适合自身发质的洗发水，不同的时节要换用不同的洗发水，长期使用同一种洗发水，无法起到最好的护发效果。

二、头屑太多，如何去除

女性如果头上有头皮屑确实令人担忧，如何才能拥有漂亮的头发而没有烦人的头皮屑呢？解决方法如下：

（1）勤洗头发，保持头皮及发丝的清爽干净。无论是哪种疾病引发的头屑问题，都要首先做好清洁工作。

（2）使用含有去屑成分的去屑洗发水。目前，市场上出现的能去头皮屑的洗发水主要有以下几种：

一是含有焦油的洗发水，不仅具有促进角质形成的作用，还兼具止痒抑菌的功能。

二是含有硫化物如二硫化硒的洗发水，既可以抑菌去脂，也具有促进角质形成的作用。

三是含有2%酮康唑的洗发水，有较强的抑制马拉色菌的作用。

四是传统中药配方的洗发水，以百部、苦参、蛇床子、地肤子等为主料配制的药用洗发水，不仅能止痒，还能减少头屑，副作用很小。

五是含水杨酸、醋酸、甘宝素、ZPT及少量皮质激素等成分的洗发水。

（3）对于脂溢性皮炎、银屑病以及头癣引发的头皮屑问题，要及时就医，同时洗护、外涂、内服等多管齐下，达到标本兼治的效果。

（4）不要过度烫头发、染头发、抓挠头皮，避免过度的紫外线照射。

（5）按摩治疗。按摩头皮可以改善头部的血液循环，使新陈代谢恢复正常；还能让头皮的附属器官发挥正常功能，使头屑逐渐减少，最终达到治愈的目的。

（6）调整膳食结构。有些女性出现头皮屑与体内缺乏B族维生素有关，因此解决的办法就是调节饮食结构，改善营养状况，口服适量的B族维生素和维生素E，每日再补充50～200微克硒元素。

（7）调整心态，避免焦虑。头屑及瘙痒的症状与个人的紧张状态有关，焦躁的情绪也是引起心理异常的祸根。如果想解除焦虑情绪，就要拓宽交往的范围，乐观地看待问题；要想方设法使自己处在稳定而宽松的环境之中，保持心理的平衡。

第一章
从头做起：细心经营靓丽秀发

◎阳光太毒，不要将头发直接暴露在烈日下

烈日照射之下，为了保护眼睛和皮肤，很多人都会戴墨镜、涂防晒霜，少数人会顾及自己的头发，不任其被紫外线伤害。其实，烈日对头发的伤害非常大，如果想让自己有一头柔顺的头发，就不能将头发直接暴露在烈日下。

一、晒太阳时做好防晒

强烈的紫外线会伤害我们的头发和头皮，让头发变脆、易掉，出现头皮毛囊松脱等问题。

头发暴露在紫外线中，时间长了，弹性和强度、韧度都会下降。长时间的紫外线照射，还会伤害头发的角质层，令头发变脆、易脱落。因此，出门时要尽量戴上帽子或打遮阳伞。

接受光照和紫外线最直接的部位是发丝，强烈的光照会给头发带来严重的伤害。那么，怎样才能做好头发的防晒工作呢？除了戴帽子、打遮阳伞，是否还需要其他防晒工具？

1. 出门时提前备好遮阳伞或遮阳帽

研究显示，被太阳曝晒后的头发很容易失去韧性，还容易变得干枯发

黄。头发的成分主要有角质蛋白、水分、脂质、色素，还含有锌、铜等微量元素。阳光中的紫外线会对这些成分产生不同程度的伤害，所以夏日出门前一定要配好装备，可以戴顶遮阳帽或打把遮阳伞。（最好选择具有防晒功能的遮阳伞，不仅能防晒，还能扩大遮阳面积。）

2. 不同发质的修护保养方法

虽然我们也知道一些头发防晒的对策，会选用一些具有防晒功能的洗发水或润发产品，来减少营养成分的流失；有些美眉还会使用一些可以直接作用于头发的免洗润发护发产品，让头发表面形成一层类似于防晒霜的防晒保护膜。但是，普通的防晒工作并不能给头发带来深层的保护，想要将头发的防晒工作做得极致完美，最好将干性发质和油性发质区别对待。

比如，对于干性发质来说，干性头发比油性头发更脆弱，更容易受到骄阳的伤害。要想做好干性发质的防晒工作，就要适量使用防晒护发素、发膜和免洗润发露等护发产品，其中发膜最好选用膏状的。易受伤害的干性发质在夏天会变得更加脆弱，洗完头后，最好让其自然风干，尽量不要使用吹风机。此外，帽子也是防晒必备的工具之一。油性发质所受伤害的程度较低，分泌的油脂也能起到一定的保护作用。可是，即使如此，也不能掉以轻心，也需要了解一些护发之道。

3. 洗头之后抹点防晒护发素

除了要勤洗头，还要将去油的洗发水和防晒护发素搭配起来使用。

二、晒后头皮与头发的养护

头发和头皮晒后护理需要区别对待：如果发丝晒伤比较严重，可以到美发店去做一个深层护理，因为阳光不仅会伤害头发表层，更会伤害到发丝内部，仅靠护发素作用不大。同时，洗完头后，在头发快干时可以在头

第一章
从头做起：细心经营靓丽秀发

发上抹上橄榄油，不仅能锁住水分，还能滋润发丝。

头皮晒伤后要妥善处理：首先，要彻底清洗被晒伤的头皮，将盐分和污垢都冲洗掉。要注意使用温水，比较容易溶解油脂，又对头发没有伤害。其次，要选择具有镇肤效果的洗发水，清洗完成后，让头发自然风干。最后，如果想让晒后的头皮恢复更迅速，可以使用具有晒后修复功效的精油进行按摩。

◎使用正品洗发水，不要使用杂牌货

洗发水是我们每天都要用到的东西，但很少有人知道它还致癌。

有些洗发水里确实含有致癌的成分。美国加利福尼亚州环境保护局称，二恶烷不仅会致癌，还会对肾脏、呼吸系统、神经系统造成损害。

二恶烷广泛存在于洗发水中。在洗发水中，二恶烷是无法避免的原料，生产商可以通过特定工序降低二恶烷的含量，但目前这道工序还是非强制性的，因为会大大增加生产成本。研究表明，二恶烷会引起头晕、呕吐、头昏、腹痛等症状；使用时间长了，会被皮肤吸收进入血液和内脏，还会对肝、肾和神经等造成累积性伤害。

根据销售渠道的不同，洗发水的购买通常有下面几个途径：满足大众消费的超市柜台、满足专业消费的美发店与养发馆、满足功能消费的药房。无论什么渠道，选择洗发水时，都要注意以下几个问题：

（1）看看包装是否合格。通常正规厂家生产的洗发水内外包装都很精致，做工细致，内包装塑料不含杂质，色彩正且柔和，封口严密，没有裂痕，不会外泄，内外包装上的说明文字清晰透明。

（2）看看批文是否有误。洗发水是一种化妆品，包装上必须标明产品成分、生产许可证号、卫生许可证号（食药局批准文号）、厂家名称和地址等，任何一项都不能少。

（3）闻闻味道是否自然。好的洗发水会散发出一阵淡淡的清香，香味自然。比如：水果味的洗发水，气味清淡不刺鼻；植物洗发水，一般都含有淡淡的中药清香，使用之后感到清爽自然。

（4）看看泡沫的多少。正规厂家生产的洗发水容易起泡泡，只要加一点水，就能生成大量泡沫，且泡沫越细越好。

（5）看看形体是否连贯。好的洗发水呈乳状，质地细腻，没有沙粒状的疙瘩，膏体连贯，黏性较大，流速不快，黏稠感强。但是添加了中药植物成分的专业洗发水，也会产生不连贯效果，这就另当别论。

（6）看看是否容易清洗。正品洗发水容易被水冲洗干净，头发上不会产生粘腻的感觉。

（7）感受是否觉得清爽。用正品洗发水清洗了头发后，头皮会感到清爽，头发轻盈，虽然会产生少许的涩感，但这类洗发水没有太多的柔顺剂成分。

当然，无论如何选择，首先根据自己头发的发质来选择适合的洗发水，再根据自己的消费水平选择合适的购买渠道（超市、养发馆、美发店）。批量生产的洗发水都不是原生态物质，洗发水为了达到去污去屑功效，通常都会掺杂化学物质，如表面活性剂的去污剂，虽然能强力去污，但会派生出二恶烷残留物；柔顺剂，虽然可以让头发光泽柔顺，会给头发外层铺上一层膜，时间长了，也会让头发堆积过厚的外膜，导致头发厚重，引起脱发。如果是违规厂家生产的洗发水，为了节省成本，选择劣质原材料，更容易引起化学成分超标，残留物质渗透头皮，就会让毛囊、发丝等遭到破坏。

◎梳子的选择与巧妙使用

梳子，是梳理头发的工具。

传说，梳子的发明最远可以追溯到上古时代，最早由轩辕黄帝的王妃方雷氏发明创造。现在市面上出现的各种梳子，材质不同，功能也不同。

梳理头发是梳妆打扮、整洁仪容的重要一步，只有使用正确的方法梳理头发，才能美化容貌、保护头发、保健大脑。

人的头部是诸阳之首，有很多穴位，通过刺激头皮穴位，可以增加头发根部血流量，不仅可以保持健康，还能保持秀发的乌黑亮丽。好的梳子梳齿排列均匀、整齐，间距宽窄合适，梳齿不尖锐，不会损伤头皮，更不会引起头皮炎症和过敏。可是，如果选不好梳子，梳头发时就容易打结，也会使打结的头发产生断裂，对头发和头皮造成伤害。

一、用合适的梳子保持头皮健康

好的梳子能减少毛鳞片遭受的伤害，维持角质蛋白的完整性。用梳子梳头，还是一种积极的按摩方法，能够直接改善头皮的血液循环。尤其是对皮脂过多的人来说，还能止痒和减少头皮屑。从中医学观点来解释，梳头甚至还能通经活络，带动全身气血循环。

梳齿在头皮上摩擦会产生电感应，刺激头皮的神经末梢，通过大脑皮层，让头部神经得到舒展和松弛。梳理时，梳齿会经过眉冲、通天、百会、印堂、玉枕、风池等50个穴位，使各个穴位得到按摩，可以开窍宁神、清心醒目、益精提神、促进头皮血液循环、疏通经络。

经常梳头，还能调理中枢神经，改善脑血管的舒张、收缩状态，能够疏通大脑深层的血管，增强脑细胞的营养供给，延缓大脑衰老。

二、如何判断梳子的好坏

梳子的作用如此重要，那么该如何在五花八门的梳子中判断梳子的好坏呢？有以下三点考虑因素：

（1）材质如何？通常，天然角质（如牛角、羊角）的梳子最圆润温和，梳头过程中基本不会跟头发产生太多的摩擦，也不会伤害头皮。木质的梳子其次，打磨好的木梳非常光滑，不会起静电。

（2）打磨怎样？梳齿要光滑，才能减少梳齿对头发的摩擦伤害。如果使用粗糙的梳子梳头，只能毁了头发。

（3）梳齿密度？梳齿的不同密度决定了梳子的不同功能，无论密度多大，都能起到应有的作用。

总之，梳子非常重要，只有选择适合自己的梳子，才能让头皮和头发的养护锦上添花。

◎不同发质的保养要点

冬季天气寒冷干燥，头发、头皮的水分会被凛冽的寒风吹走，让头发产生众多问题，如干枯、发黄、分叉、易断、脱发等。其实，每个人的头发也都是有差别的，不同的发质需要用不同的方法进行护理。

每位女性都想拥有一头乌黑亮丽的秀发，因为那样可以使自己更加迷人，更加自信，能提高自己的整体气质，因此要根据自己不同的发质来选择合适的保养方法。

一、根据发质选择洗发水

现在市面上销售的洗发水，打着柔顺、滋养等口号，可是买回来一用，效果不太好。洗发水选不对，发质很可能会越洗越差。

我们的头发 pH 值范围一般在 4.5 ~ 6.5 之间，为弱酸性；如果坚持洗头，头发依然出油，pH 值可能是 3 ~ 4.5，属于酸性；如果头发容易干枯炸毛，就属于碱性，头皮 pH 在 8 ~ 9 之间。所以，要根据自己的发质情况，选择合适的洗发水。

二、不同发质的保养方法

不同发质需要使用不同的保养方法，概括起来，如下所述：

第一章
从头做起：细心经营靓丽秀发

1. 干性发质——做头皮按摩

干性发质的人，多数都是因为水与蛋白质比例失衡，导致头发断裂、失去光泽，摸起来毛毛躁躁。针对这种发质，洗头发时要加强头皮的按摩。需要注意的是，要让洗发水在头发上多停留一段时间，以便头发更好地被清洁。

2. 油性发质——选择合适的洗发水

有的人天生属于油性发质。对于这种发质，需要在洗发护发方面进行改变，选择适合油性头发的洗发水；同时，还要避免使用过烫的水洗头，以免刺激头皮。

3. 中性发质——深层补水

中性发质相对来说比较容易保养，但如果平时忽略了对头发的保养，发质也会变得越来越差，所以，为了让自己的头发发质更加健康和柔顺，平时在保养时应该给自己的头发每月做一次深层的补水。

4. 受损发质——给头发补水

平时，有些人会因为工作的原因，需要长时间烫染吹自己的头发，很容易导致头发的干枯无光、失去生命力。对于这种发质，除了要注意头发的补水保养，还要使用具有修复作用的亮发水，保证自己的头发更加水润亮华。

◎头皮护理才是养发的基础

很多时候，判断发质的好坏，都是通过暴露在外面的头发进行的。其实，头皮才是头发的源头，被隐藏在头发之下。因此，某些时候，头皮问题本来已经很严重，但呈现在头发上的可能只是一些小反应，并不会引起人们的重视。直到发质彻底受损，无法进行护理时，人们才会意识到早就应该好好护理头皮。

看不见的头皮比起裸露在外的皮肤更娇弱，更容易遭受外界的侵害。普通皮肤细胞新陈代谢的周期为28天，头皮细胞新陈代谢的周期，只有14～21天。所以，头皮内的皮脂腺分泌周期比面部肌肤更快、更旺盛，这就为细菌存活与繁殖提供了有利条件。

只有对头皮进行必要的养护，才能让头皮保持健康状态。那么，如何正确护理头皮呢？

1. 了解自己的头皮属性

要评估自己的头皮属性，最简单的方式就是观察头皮出油的速度。如果晚上洗完头，隔天早上就有油腻感，就是标准的油性头皮；如果到了下午、傍晚，才觉得闷闷的，则是中性头皮；如果两天之后才开始感到出油，就是中性发质。

2. 选用专业的清洁工具

头皮和头发对清洁的要求和所用产品有所不同，普通洗发水只能清洁头发上的灰尘和污垢，无法对头皮进行深层清洁，最好选择头皮专用的清洁产品。

3. 勤梳头发，做按摩

梳头也是一种物理按摩，既能保持头皮和头发的清洁，又能加强血液循环，增加毛孔的营养，达到防止头发变白的效果。俗话说"千遍梳头，头发不脱"。反复梳头，可以对头皮末梢神经和毛细血管形成刺激，促进血液循环，摆脱脱发烦恼，让头发乌黑发亮。

4. 找到适合自己的洗发水

挑选洗发水，应该针对头皮而不是发质。有些家庭，一买就是一大瓶，全家一起使用，其实每个人的头皮状况都不同。不同属性的头皮，清洁的频率也不一样。油性和中性的，每天都可以洗头，因为油脂分泌得较快，当然也要挑选适合油性头皮的洗发水。想要保持头皮健康，最好选择单效洗发水，尽量不要使用含有皂碱、防腐剂、介面活性剂、人工色素等化学成分的洗发水，长期使用这些洗发水，不仅会伤害身体，还会污染环境。

5. 减少刺激头皮的频率

让头部皮肤感到刺激的因素虽然有很多，但造成头皮屑的元凶——真菌，同样是引起头皮刺激的根源。如果刺激感觉一直存在，很可能就要出现头皮屑了。为了减少对头皮的刺激，可以试试下面的几种方法：

（1）远离刺激源。有些美发定型产品含有刺激成分，会加重头皮的刺痛感觉，因此要尽量减少使用含酒精成分的美发产品的次数。

（2）做好饮食调节。尽量避免摄取过量的咖啡、烟、酒，以及麻辣等刺激性食物，减少对头部皮肤的刺激。

（3）使用有针对性的洗发水。优质去屑洗发水中的有效成分可以缓解头皮刺激，减少对头部皮肤的伤害，因此要使用专门针对头部皮肤的洗发水。

6. 调整头皮油脂失衡

健康的头部皮肤应该是不干也不油，能够呈现出恰到好处的滋润。头

部皮肤的油脂平衡状况是头皮健康的晴雨表，秀发的美丽在很大程度上取决于头部皮肤的健康，尤其是由皮脂和汗腺构成的那层天然保湿膜的平衡。不论是过干还是过油，头皮都很容易引发头屑，因此要使用专门针对头部皮肤的护理产品。

7. 不要让头部皮肤紧绷

头皮紧绷绝不是小事，健康的头部皮肤不会有紧绷的感觉。虽然头发造型和其他化学制剂也可能让头部皮肤紧绷发干，但很快就能缓解，不能缓解的头皮紧绷很可能是由真菌引起的。所以，头皮紧绷是头皮屑的另一个预警信号。

为了不让头皮紧绷，还要尽量减少束缚。尽量不要戴太紧的帽子，更不要扎很紧的马尾辫，要让头皮自由呼吸，以此来缓解头皮紧绷的不适感。

8. 正确解决头皮瘙痒

头皮瘙痒可能是由真菌引起的一种刺激反应，而瘙痒引发的抓挠会进一步损坏头部皮肤，从而伤害到头发。所以头皮瘙痒需要进行对症护理，感觉头皮痒痒时，就要立刻开始使用去屑洗发水。此外，还可以尝试两种新的方法：

（1）缓解焦虑。精神紧张、情感困扰，也会造成头皮瘙痒。要想解除焦虑情绪，可运用冥想、瑜珈等方式来控制情绪，设法使自己处在稳定而轻松的精神状态，让心情放松下来。

（2）充分清洁。洗发水不能很好地与头皮接触，头皮上多余的油脂就无法除去，瘙痒更无法得到有效缓解。正确的洗发方法：先将洗发水倒入掌心，揉出丰富的泡沫后涂抹在头发上；然后，轻轻按摩，使洗发水与头皮充分接触，保持一段时间再冲洗。如此，不仅清洗得更充分，也能更好地消除瘙痒。

◎用吹风机吹出润滑感

洗完头发后,多数人都会用吹风机将头发吹干,但吹头发时,如果吹风机使用不当,很容易损伤头发,让头发变得毛糙。只有正确使用吹风机,才能吹出润滑感。

一、吹风机的使用过程

使用吹风机吹头发,可以按照下面步骤进行:

1. 用毛巾将头发擦干

洗发后一定要用大而厚的毛巾包裹住头发,当然使用干发帽效果会更好。为了更好地保护头发,擦干头发时,要用按压的方式用毛巾将头发的水分吸走。头发湿润时,毛鳞片是张开的,容易受损,所以要尽快吸走水分,让毛鳞片闭合。

2. 涂点护发精油

如果是烫染毛糙的头发,在头发半干时要先抹上护发精油,然后再吹干。这样,头发会非常顺滑。这种方法对干枯的头发很有效果,干了之后也完全不油腻。

3. 分片吹头发

先将头发分成三个区再吹,比毫无章法地乱吹一通要节约大概40%的

时间。很多专业发型师就是这样吹的：将头发分为左边、右边和后边三个区，一次吹一个区域，每个区域吹几十秒钟，效率很高。

4. 先吹发根，减少伤害

为了将吹风机的伤害减到最低，不要先吹发梢。发根渗透下来的水会让你做无用功，要先把发根吹干，再吹发梢，或者让发梢自然风干。

5. 风筒和头皮保持距离

要让吹风筒远离头发 15cm 左右，以免风筒碰到头发，引发头发的热损伤。

6. 尽量不要倒吹头发

湿头发的毛鳞片是张开的，顺着头发生长的方向吹，会让毛鳞片闭合；倒着吹，会让毛鳞片张开更大，头发越吹越毛糙。

二、吹风机使用要点

1. 何时吹发

何时吹发？很多人想当然是洗完就吹，想吹就吹。其实，头发不是想吹就能吹的，一定要选好吹发的时机。

刚洗完头发，头发还在淌水，是不能吹的，因为湿漉漉的头发含有大量水分，还有一定的重量，会将头发向下坠、往下拉，头发就会紧贴头皮。此时吹发，不仅会伤害头发，还容易损伤头皮。这时，应拿出一条干毛巾将头发包裹起来，轻轻按压一段时间，让毛巾吸收掉头发里的水分，既不要急匆匆地擦揉头发，也不要用力拧拽发尾，要让毛巾自然吸收水分，直到头发半干为止。之后，就可以拿起吹风机了。

2. 怎样吹发

使用吹风机的方法也是有讲究的。吹风机一般分为好几档，有大风有微风，有热风有凉风，可以选择中档热风。另外，吹风机离头皮的距离最好保持在 15cm 左右。移动吹风筒的时候，不要碰到头发，否则会出现热损伤。

吹发时，先不要把头发分开，要顺着从发根到发尾的方向吹。吹风机要不停地移动，不要让热量集中在同一个地方，如果平时吹得毫无章法，可以试着按照"从前往后、从后往前、从左到右、从右到左"的顺序来吹，保证所有头发能够均匀受热。

一只手吹发，另一只手也不要闲着，可以轻轻拨弄发丝，如此吹出来的头发才会蓬松好看。另外，还可以掀起头发，照顾到脖子和耳后等细节，让整个头部干爽起来。

3. 轻松吹发

在理发店里经常会看到一个叫作鹤嘴夹的小工具，它可是吹发神器。鹤嘴夹可以将头发轻松分片，还可以收拢"不听话"的发束。这样，吹发时就不必费力举着头发了，同时又能保证无遗漏无重复，头发吹起来又快又省心。

除了鹤嘴夹，宽齿梳子也是吹发必备，但不要用梳子梳湿发，要在头发吹干之后再用它梳理，避免掉发。当然，如果条件允许，还可以选择负离子吹风机和造型梳，巧妙运用高科技，能取得事半功倍的效果。

三、吹风机的注意事项

使用吹风机吹头发，有些事情也是需要注意的：

（1）确保吹风机远离水，不要在浴室或其他盛水容器附近使用吹风机。

（2）使用吹风机时，确保手部是干燥的。吹风机一旦进水，会出现漏

电现象。

（3）不要长时间地使用吹风机，使用时间达到 30 分钟时，要停止一段时间再使用，以免温度太高而将吹风机烧坏。

（4）不要让吹风机进风口处于堵塞状态，防止吹风机内部散热不充分，降低耐久性能，内部温度也会太高，容易引发危险。

（5）当吹风机的过热保护装置起作用时，就会自动断电，冷却数分钟后，便能再次使用。为了让吹风机的使用寿命更加长久，吹风机自动断电后，要把开关关上，让其冷却几分钟再使用。

（6）使用吹风机的过程中，要留意有无异常现象发生。出现异常声音，可能是电机出现了问题；发出异常气味，可能是内部发生短路。一旦发生异常现象，就要立刻将吹风机从插座上拔下，停止使用，交给专业人员进行检查维修。

（7）使用后，要立即拔断电源，待风筒冷却后，将其存放到通风良好、干燥、远离阳光照射的地方。吹风机必须放置在干燥环境中，以免空气中的潮气进入吹风机内部，损害内部绝缘材料，带来危险，缩短其使用寿命。

第一章
从头做起：细心经营靓丽秀发

◎不要跟"自来卷"作对

生活中，很多女性朋友都在抱怨自己的自来卷，说自己的头发毛糙难打理。为了让头发变直，不停地使用各种工具和药水。如今，审美不再受到大众传媒左右，头发只要养护得当，自来卷也可以很美。

一、"自来卷"出现的原因

头发是直是卷，是由遗传基因决定的。不同人的头发往往存在差异，如黑种人多数都长有浓密卷曲的头发，黄种人大多是直发，欧美人大多是卷发。

头发的弯曲程度取决于毛囊性状，毛囊取决于DNA，如果毛囊结构均匀，发根呈圆柱形生长，长成后就是直发；如果毛囊结构不均匀，发根呈椭圆柱形生长，长成后就是卷发，也就是天生的自来卷。

人类的直发与卷发都是对于环境的一种适应，如非洲人生活在阳光灼热的热带，而美洲和欧洲人生活在较为寒冷的地区，卷发可以帮助他们更好地隔绝头皮与空气，让头部保持适宜的温度。

二、"自来卷"的保护

虽然自来卷是天生的，后天无法改变，但依然可以通过一定的护理方法，让它变得不糙，即使有卷度，也很好看。

1. 合理使用发膜

发膜就像面膜一样，可以给头发提供营养。只有头发营养充足，才能变得有光泽，因此自来卷的女性最好一周使用一次发膜。

2. 掌握使用发油的方法

头发毛糙的原因，除了头发营养不足，还可能来自头发静电，所以自来卷的女性要使用发油。发油既可以给头发补充营养，又可以消除头发间的摩擦和静电。使用方法是：在每次洗完头后，将头发晾至七成干，将发油涂抹到发尾；白天出门时，取些发油抹在发尾。坚持一段时间，就能看到头发的改变。

3. 尽量不要烫、染、拉头发

很多自来卷的女性讨厌自己的这种头发，会去美发店拉直或烫发，结果只能对头发造成伤害。头发是自来卷，不管怎么拉直或烫发，新长出的头发都会和之前的头发造成分层，只能去店里将新长出的头发重新拉直……反复循环，头发就会变得更脆弱和更毛糙。因此，要尽量减少烫发、染发、拉直头发的频率。

第一章
从头做起：细心经营靓丽秀发

◎合理饮食，不掉发

随着社会压力的不断增大、生活节奏的加快、环境的不断恶化以及不良的饮食习惯，使得非健康、亚健康的人数与日俱增，掉发患者越来越多。掉发是头发脱落的一种现象，有生理性和病理性之分。生理性掉发指的是头发正常的脱落，病理性掉发是指头发异常或过度脱落。

头发生长所需的营养主要从日常饮食中摄取，因此要保持良好的饮食习惯。比如，经常脱发的人体内通常都缺铁，因此要多食用黄豆、黑豆、蛋类、带鱼、虾、熟花生、菠菜、鲤鱼、猪血、胡萝卜、马铃薯等含铁质丰富的食物；还要注意补充蛋白质，多吃牛肉、鸡蛋等富含蛋白质的食物；如果头发干枯、发梢裂开，可以多吃大豆、黑芝麻、玉米等食物。

头皮的主要成分是胶原蛋白，头部皮肤营养不足，头发会显得软弱无力且稀薄，需要补充胶原蛋白质、B族维生素、维生素C和钙等，因此要多吃鱼类、海带、乳酪、牛奶、生蔬菜等。

血液循环不好时，头发也容易缺乏营养而导致掉头发，可以吃些补血、促进血液循环的食物，如桑葚、枸杞子、大枣等。同时，要每天按摩头皮，刺激头皮，促进血液循环。

此外，在生活方式上，还要少吃辛辣刺激性食物、油脂太高的食物，戒烟戒酒，保持心情舒畅和作息规律，推迟脱发的时间。

◎产后护发的妙方

生完孩子后,很多女性都会发出这样的感慨:

"生完孩子后,头发一把一把地掉,真担心会掉成秃子。"

"本来我的头发就挺少,现在又掉这么多,怎么办?"

"我都不敢洗头、梳头了,只要一看到盆里和梳子上掉下来的头发,都觉得吓人。"

脱发,是女性产后的普遍困扰。该如何挽救自己的头发呢?

产后脱发是一种阶段性现象,很难完全避免,但使用正确的护理方法,却能让头发代谢周期尽快回归到正常。

1. 多补充蛋白质

头发最重要的营养来源就是蛋白质,在饮食方面,在均衡营养的基础上,还要多补允一些富含蛋白质的食物,如牛奶、鸡蛋、鱼、瘦肉、核桃、葵花子、芝麻、紫米等。

2. 用指腹按摩头皮

洗头发时,不要用力去抓扯头发,要用指腹轻轻地按摩头皮,促进头发的生长以及头皮的血液循环。同时,每天要用干净的木梳梳头100下,给头皮做按摩。

3. 不要用毛巾使劲搓

头发清洗完成后,用吸水毛巾包裹头发,最好能让头发自然晾干,不

第一章
从头做起：细心经营靓丽秀发

要用力揉搓头发。如果时间紧，也可以用吹风机，先将发根和头皮吹干，再整体吹到七八成干，等待头发自然晾干就可以了。

4. 保持心情舒畅

产前产后容易精神紧张，在养育小宝宝的过程中，妈妈又容易过度疲劳，还会担心宝宝出现各种各样的问题，心情无法放松下来，导致植物性神经功能紊乱，头皮血液供应不畅，头发营养不良，继而引起脱发。因此，要保持心情舒畅，减少焦虑、恐惧等情绪，如此不仅有利于护发，还可以达到美容的效果，让自己容光焕发。

5. 适度清洗头发

毛发健康的前提是清洁。头发根部的毛囊皮脂腺会持续不断地活动，每天分泌的油脂容易黏附环境中的灰尘，增加毛发梳理时的摩擦力，引发头发表面的毛小皮翻翘，头发就会变得暗淡、干燥、开叉，甚至断裂脱落。同时，过多的油脂还是真菌、细菌的培养基，会间接引起头皮屑等问题。

科学测试证明，头发的油脂有一定的自我恢复调节功能。清洗头发后，只要过四个小时，油脂量就能恢复到正常的状态。采用正确的方法洗头，不但不会洗坏头发，还可以及时清除油脂和污垢，防止头发干燥和开叉，减少头发受损和断裂的机会，有效控制头皮屑的产生，保持头发整洁秀丽，让头发更健康亮泽。

当然，还要针对自己的发质挑选洗发用品，如果是干性发质，却使用油性发质的洗发水，就会越洗越干。同时，洗发后最好再用一些含水解蛋白、毛鳞素的护发素，防止头发干涩、分叉或纠结，保持头发的光滑柔顺。涂抹护发素时，最好涂抹在头发的中部或尾部，不要大量直接涂抹在头皮上，以免造成毛囊堵塞，引发毛囊炎。

◎根据自己的脸型来搭配发型

在很多女性身上都存在这样一种现象：看到别人发型好看，自己就到理发店做一个，于是乎，在某一个时段大街上到处都是大波浪，过一段时间又到处都是直头发。不管自己的脸型如何，不管自己的体型怎样，更不管自己的发质适不适合……盲目地跟风，不仅会伤害头发，还会影响自己的形象。因此，要根据自己的脸型来选择适合的发型。

1. 椭圆脸型的人适合什么发型

椭圆脸型是女性中最完美的脸型，采用长发型和短发型都可以，但要尽可能地把脸显现出来，突出这种脸型协调的美感，不要用头发把脸遮盖得过多。

2. 方脸型的人适合什么发型

方脸型，要将头发向上梳，让轮廓蓬松些，不要将头发压得太平整，耳前发区的头发要留得厚一些，但不能太长。前额，可以适当留一些长发，但不能太长。

3. 倒三角脸型的人适合什么发型

倒三角脸型，长度宽度更为明显，下巴较尖，头围比较宽，适合烫波浪卷发。脸部周围如果是直发，更会突出长长的脸型和尖尖的下巴。因此，用圆润的曲线将脸庞包围起来，整体轮廓就是椭圆形状。

4. 长脸型的人适合什么发型

长脸型，可以将头发留至下巴处，留点刘海，或将两颊头发剪短些，缩短脸的长度，加强宽度感。也可以将头发梳成饱满柔和的形状，使脸产生较圆的感觉。总之，只要是自然、蓬松的发型都能给长脸人增加美感。

5. 圆脸型的人适合什么发型

圆脸型会让人显得孩子气，为了让脸看起来不是太圆，可以将发型设计得老成一点，将头发分成两边，设计一些波浪。也可以将头发侧分，短的一边向内遮挡一部分脸颊，长的一边自额顶做外翘的波浪，以便"拉长"脸型。这种脸型，不适合留刘海，更适合梨花头或中分发型。

6. 菱形脸的人适合什么发型

菱形脸的人，多数脸中段较宽、双颊凹陷。颧骨是脸型最宽处，下巴较窄，脸形偏大。可以用前发来修饰较宽的颧骨，前发份量要足，同时不要修出纵长的线条或者直线条，最好在侧面烫出发卷或波浪。宽颧骨让人看起来很硬朗，而富有蓬松感的形状则会带来可爱的感觉，搭配起来效果会更好。

7. 正三角形脸的人适合什么发型

正三角形脸的特点是：下颚骨凸显，头顶和额头偏窄，额头鬓发较长，下颚部较宽。可以将刘海削成垂下的薄薄的一层，最好剪成齐眉的长度，使额头被遮住又有隐约的出现，使窄额头在视觉上不那么明显，而宽下巴也不会因为刘海的存在显得突兀。要用较多的头发修饰腮部，可以做成学生发型、齐肩中长发，但不能留长直发。

第二章

美眉媚目：主动彰显心灵之窗的魅影

◎掌握正确的眉毛修剪方法

眉毛对于脸型的表现力非常强，而天生一副好眉毛的人却很少，所以多数人的眉毛都需要后天进行修正。只要准备好了眉钳、小镊子、眉刷、眉笔、眉剪、修眉刀、镜子、棉球、酒精、润肤品等，就可以开始修理自己的眉毛了。

一、掌握正确的眉毛修剪方法

刚开始学习化妆的新手，通常都会先学画眉毛，但多数人的眉毛形状都不是天生完美的，必须通过修剪才能更加有型。那么，该如何修眉呢？

（1）做准备。眉毛修正需要的工具主要有：眉钳、眉笔、眉刷、镜子、眉剪、润泽乳液和海绵头化妆棒等。

（2）清洗眉毛。用海绵头化妆棒蘸酒精或收敛性的化妆水，涂搽到眉毛及其周围皮肤，有清洗和抚慰皮肤的效果。

（3）将眉笔当标尺。将眉笔紧靠鼻翼，以鼻翼为轴心，与内眼角连成一线，笔尖和眉头交界处为眉毛的起点；笔尖略微外斜与瞳孔外侧拉成一直线，笔尖与眉毛的交汇点，就是眉峰的方位；笔尖继续外斜，与外眼梢拉成一直线，笔尖与眉毛的交汇点就是眉尾，分别用眉笔做好记号。

（4）用与头发色彩类似的眉笔画出眉型。眉笔的色彩与头发的色彩基本保持一致。用眉笔画眉毛的时候，要一小笔一小笔地描画，添补眉毛之

·第二章·
美眉媚目：主动彰显心灵之窗的魅影

间的空地，每一笔都不能比天然的眉毛长。

（5）拔除眉型外的杂毛。把眉笔周围肌肤拉平，用眉钳夹紧眉毛的根部，向眉毛生长的方向拔，一次拔一根，拔完立即把眉毛刷顺，检查是否有犯错的地方，并不断重复这个过程。

（6）修剪太长的眉毛。顺次处置每一根，只剪去多余和太长的眉毛即可。

（7）用冰块冷敷。拔完眉毛后，用冰块冷敷，可减轻疼痛感。此外还可以用茶树精油，改善红肿表象。

二、眉毛的各个部位

要想做好眉毛的调整，首先就要了解眉毛的各个部位。

（1）眉头。从鼻翼处开始垂直上升，与眉毛相交处是眉头的位置。

（2）眉峰。将眉毛分成三等分，从鼻翼开始向黑眼珠外线延长，与眉毛的连接处就是眉峰。眉峰的宽度要占眉头的1/2。

（3）眉尾。从鼻翼开始，沿着外眼角45度直线交叉处，就是眉尾的位置。

三、眉部缺陷的修正方式

现实生活中，每个人都不会长一副标准眉，都会存在这样那样的缺陷，如何来修正各种常见的眉部缺陷呢？具体方法如下：

（1）眉毛太弯。修去眉毛上缘，减轻眉拱的幅度。

（2）眉头太近。修去鼻梁附近的眉毛，使眉头与内眼角对齐。

（3）眉头太远。利用眉笔将眉头描长，缩小两眉之间的距离。

（4）眉毛太短。先将眉尾修得尖细柔和，再用眉笔将眉毛画得长一些。

（5）眉毛又高又粗。可以将眉毛上缘修去，再拉近眉毛与眼睛之间的

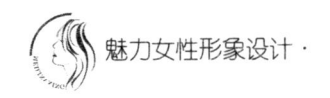

距离。

（6）眉毛太平直。先将眉头与眉尾处的上缘修去少量，再修去下缘，使眉毛形成柔和的幅度。

（7）眉毛太长。修去眉毛长的部分，眉尾不要修得粗钝，要修眉毛的下缘，使之逐渐变得尖细。

（8）眉毛太稀。先用眉笔描出短羽状的眉毛，再用眉刷轻刷，使其柔和自然，不要将眉毛画得太平直。

◎拔眉毛，只能伤害了毛囊

一、眉毛和身体健康状况有关

研究发现，眉毛与人体的健康状况有密切联系，观察眉毛可以判断病情。

1. 眉毛密疏对应的身体状况

中医认为，眉毛属于足太阳膀胱经，它依靠足太阳经的血气而盛衰。因此，眉毛浓密，说明肾气充沛，身强力壮；眉毛稀淡，说明肾气虚亏，体弱多病。眉部皮肤肥厚和脱落，要检查是否患有疾病，以便及早就医。比如，甲状腺机能减退的人，眉毛的外侧会脱落；斑秃的病人，眉毛会在一夜之间突然脱落。

2. 眉毛颜色对应的身体状况

女性眉毛特别浓黑，可能与肾上腺皮质功能亢进有关。两眉颜色发青是正常色泽，若泛红色，多是烦热症候，中风的人，眉毛的毛根会首先变白。

3. 眉毛形状对应的身体状况

眉毛冲竖而起，是身体危急的征兆；眉毛不时紧蹙，是疼痛疾病的表

现；眉梢直而干燥者，则可能月经不正常；神经症患者，麻痹一侧的眉毛较低，病变一侧的眉毛显得较高。同时，观察眉毛对诊断疾病也有一定帮助。比如，患有甲状腺功能减退症、垂体前叶功能减退症患者，眉毛往往会频繁脱落，以眉的外侧最为明显。

二、拔眉，不健康

有些爱美的女性，嫌自己的眉毛长得不好看，会将一些眉毛直接拔掉，这样做，只能伤害到身体健康。

眉毛是眼睛的一道天然屏障，对眼睛有很好的保护作用。一旦脸部出汗或被雨淋了，它能把汗水和雨水挡住，防止流入眼内刺激眼睛。当尘土飞扬时，它能挡住空中落下的灰尘和异物，防止它们进入眼睛。眉毛对面部具有美容作用，没有眉毛，脸上光秃秃的，会很难看。

眉毛是正常生长的毛发，眉区和眼睑区的皮肤非常细嫩，女性使用眉钳拔眉时，快速连根拔起，会使皮肤和毛囊遭到破坏。长期如此，眉毛生长就不规则了，甚至会让眉毛长不出来。拔眉毛时用力不均，眉区和眼睑受损部位还会产生色素沉着和瘢痕；眉钳不干净，细菌就会乘虚而入，引起继发性毛囊炎，严重的还会导致皮肤蜂窝组织炎和疖疮。所以，眉毛不能随便拔掉。

・第二章・
美眉媚目：主动彰显心灵之窗的魅影

◎了解掌握眼部彩妆的上妆技巧

俗话说："眼睛是心灵的窗户。"眼睛对整个人的颜值高低起着至关重要的作用。可是，对于天生眼睛比较小的女性来说，要想使眼睛变得更大更有神，只能通过化妆的方法。

一、眼妆的具体步骤

给眼睛上妆，通常要经过几个步骤：

步骤1：打底。眼部跟脸部一样，打底工作做不好，很容易影响后续的上妆效果。因此，可以先用指腹蘸取带有光泽感且较为湿润的眼影涂抹在整个眼皮上，不仅可以提升后续眼妆的服帖度与持久度，还可以起到提亮肤色的作用。

步骤2：定妆。用眼影笔蘸取少量的适合自身肤质的眼影粉，轻轻地刷涂到上眼皮，不仅可以起到不错的定妆效果，还可以让眼部的肌肤变得更加明亮，更加光彩照人。

步骤3：画外眼线。根据眼影来选择合适的眼线笔颜色，橄榄绿或黑色。然后，描绘整个下眼睑，勾勒出眼部轮廓，使眼睛变得更富有立体

感，更加突出。

步骤4：晕染。用扁的眼线笔蘸取少量含有光泽感的眼影粉，沿着描绘好的眼线轻轻晕染刷涂，让两者合而为一，不仅可以创造出层次感，还可以增添一丝朦胧感。

步骤5：内眼线。先用指腹将眼睛尾部撑开，之后用笔刷蘸取适量的眼线胶描绘内眼线，不仅可以让眼眸变得完美无瑕，还可以增加眼部的神韵。如果是新手，可以站在镜子前进行，以免误戳到眼睛。

步骤6：修睫毛。睫毛，不仅可以抵挡外界风沙，还可以增加美感。刷睫毛时，睫毛膏不能太过稠密，以免最后呈现出"苍蝇腿"的即视感。本身睫毛比较稀松的人，可以直接贴假睫毛，使眼部轮廓变得更加有魅力。

步骤7：染眉毛。眉毛的颜色最好按照头发的颜色来选择，黑色或棕色。在涂眉毛之前，最好先用修眉刀将杂毛修剪掉。至于眉形，要根据自身的特点来选择，如一字眉、柳叶眉等。

二、化妆坏习惯最伤眼

画眼妆的时候，不当的化妆习惯会对眼睛造成伤害。因此，为了保护眼睛，一定要正确上妆。下面就是坏的上眼妆的习惯，平时要注意避免。

1. 使用太多的化妆品

眼线越粗眼睛便越有神？错！别人只会认为你是要依靠浓妆来掩饰真实年龄。同时，过多的眼妆还会加重眼睛肌肤的负荷，淡淡的眼妆反而会让妆容显得更清新脱俗。

2. 拉起眼皮画眼线

化妆时，很多女性都会拉起眼皮来涂画内眼线，其实这样做很容易伤害眼睛。眼睛周边的皮肤较薄，经常拉扯，皮肤便会慢慢变得松弛，久而久之，还会导致眼纹或眼袋等眼部问题。如果想保持年轻，化眼妆时就一定要留神。

3. 没彻底卸掉眼妆

为了打造完美的大眼睛，很多女性都会使用眼线液及睫毛液等眼妆产品，结果到卸妆时，眼头凹陷位置的眼线液和睫毛根部的睫毛液都很难被彻底卸掉。这些残留在眼睫毛周围的化妆品，会伤害眼睛，加快眼睫毛周围皮肤老化。每晚卸眼妆时，最好用沾了少许卸妆液的棉花棒抹搽眼睛凹陷的位置，以便彻底清洁眼妆残留下来的污垢。

◎如何画出漂亮的眼线

一、眼线画法

有些美眉的眼睛非常没神,出门必画眼线,画了眼线后,立刻眸若清泉。那么,究竟如何来画眼线呢?

1. 下垂眼线的画法

下垂眼线可以使得眼睛看起来更加有神。具体的画法是:沿着眼尾的方向用眼线笔延长眼线并适当加粗。

2. 开眼角眼线的画法

开眼角眼线,直接省去了开眼头手术。具体的画法是:用指腹轻轻拉开眼头部位,用眼线液在眼头画一个上挑的眼线。

3. 正常猫眼线的画法

常见的猫眼线妆的效果很明显,且有点魅惑的意味。具体的画法是:先在眼尾画上扬45度的眼线并加重,再连接眼后1/3的部位,最后把空隙填满。

4. 趣味猫眼线的画法

具体的画法是:在原有猫眼线的基础上,用眼线笔将眼线末端和双眼皮褶皱处的末端连线。这种眼线比较好玩，但不是日常画法。

5. 狗狗眼线的画法

狗狗眼线非常好看，能让眼睛大一圈。具体的画法是：用眼线刷蘸取眼线膏轻轻扫在眼尾 1/2 的地方。注意眼线膏不能蘸取过多。

6. 活力猫眼线的画法

具体的画法是：在趣味猫眼线的基础上，用眼线膏涂满双眼皮褶皱处的一半，画错了也没关系，可以用棉签来适当调整形状。该眼妆比较夸张，适合聚会、晚会或表演等场合。

7. 日常眼线的画法

日常眼线，每天都可以画，非常适合初学者。具体的画法是：在内眼线的基础上，用眼线液沿着眼尾的方向延长一点。初学者可以用指腹轻抬起上眼皮画，不容易出错。

8. 自然内眼线的画法

自然内眼线，是多数人最常画的。画好之后，会产生一种美瞳效果。具体的画法是：向上稍仰起头，先用指腹轻轻抬起上眼皮，再用眼线笔慢慢沿着睫毛根部填充。这是最基础的一种眼线。

9. 美瞳眼线的画法

美瞳眼线能够让眼睛看起来比较圆，自拍时的效果特别明显。具体的画法是：在之前眼线的基础上，用眼线笔在眼球的正下方画下眼线，从视觉上放大眼睛，好像戴上了美瞳。如果嫌弃自己眼睛太小或想让眼睛变大变圆，就可以试试这种眼线画法。

二、画眼线的技巧

要想达到事半功倍的效果，画眼线的时候，有些技巧是需要掌握的。

比如：

（1）画眼线要集中精神，一气呵成。初学化妆的新手，画眼线很容易手抖而导致画残，为了控制好不将眼线画歪，可以将小手指抵在脸颊上，或把胳膊肘支在桌子上，保持平衡。

（2）选择好用的眼线笔。使用之前，可以先在手上试一下，看看是否是那种轻轻画就可以上色且显色的眼线笔，如果无法在手上画，在眼皮上画眼线就会更不流畅，容易拉扯眼睛周围的皮肤。

（3）完成准备动作后，开始画眼线。具体方法是：

①先找出眼睛的眼头、眼中和眼尾位置，分别用眼线笔在上面画3个点。描3个点时，要看看左右两只眼睛的点是不是位于同一条水平线上，可以直接将眼线笔放在两眼对应点的地方，检查一遍三条线是否平行。

②检查平行后，用眼线笔从眼头开始，连接眼中、眼尾3个点，来回描几下，画出来的眼线就会非常对称，且顺畅自然。

◎怎样选用睫毛膏

浓密且弯曲上翘的睫毛能让眼睛看起来更有魅力，这也是所有女性所追求的效果。可是，不同的睫毛膏有不同的功能，使用不当，不仅无法增加睫毛的美感，还会起到一定的反作用。所以，在选择睫毛膏时，应根据不同的睫毛状况来选择。

1. 睫毛量少，看不到根部

睫毛量少，看不到根部，这种情况的一般都是单眼皮，眼睛比较小，之所以要使用睫毛膏，主要是为了让眼睛变大变美。所以，最好选择具有卷毛功效并稍有分量的卷翘型睫毛膏，保证睫毛的卷度，让睫毛看起来更有分量。有一点需要注意的是，选用的睫毛刷应与睫毛长度相匹配。

2. 睫毛量少，能看到根部

如果你的睫毛量比较少，但能看到睫毛的根部，说明你的眼睛比较大，容易看到一根根的睫毛，但因睫毛的数量较少，眼睛反而会缺少一定的魅力。因此，在选择睫毛膏时，要选择浓密型睫毛膏，来让每根睫毛加粗加长。浓密型睫毛膏比较浓稠，刷头上的毛较多，每次都能蘸较多的睫毛膏，让睫毛加密加厚，当睫毛变得粗且浓时，再用刷子顺着睫毛方向向前刷，就能让睫毛呈现浓密细长的效果。

3.睫毛量多，能看到根部

睫毛量多，且能看到根部，说明眼睛较大，双眼也很有魅力，之所以使用睫毛膏，是为了加强睫毛的表现力，让双眼更有魅力。要想增强睫毛的分量，就要选用较有分量的睫毛膏，同时使用密集度高且大的睫毛刷，增加睫毛的卷度，如此，即使不画眼线，眼睛也会显得非常有神。

4.睫毛量多，看不到根部

睫毛量多，但看不到根部，这种眼型一般都比较细长，为了增加睫毛的魅力，要让每根睫毛变得又长又弯曲，最好选用加长型睫毛膏，以此来增强睫毛的存在感，使睫毛更加醒目。但是，睫毛膏的使用量不能太多，将睫毛膏刷得太厚，反而会降低效果。睫毛刷应当使用比较长的，使用时要从睫毛的根处向上刷，让隐藏在眼睑的睫毛外露，让眼睛更加有神。

当然，除了根据睫毛挑选睫毛膏的方法外，还应该根据睫毛膏的不同功能加以选择。比如：透明型睫毛膏，能维持睫毛的弹性和卷度，不会产生染色的困扰，适合喜欢自然淡妆者使用。防水型睫毛膏，适合游泳或阴雨天使用，即使遇到水，也不会将画好的睫毛破坏掉。缺点是，如果涂抹时间太长，就很难擦拭干净。滋养型睫毛膏，含有多种睫毛需要的营养素，能在睫毛上形成一层保护膜，可以对睫毛进行深层滋养，还能保湿。

◎正确卸妆，才能呵护睫毛

如同我们的肌肤一样，睫毛也需要适时进行保养与照顾。卸妆时对它们又扯又拉，不仅不利于妆后的保养，过于厚重的睫毛膏，还会给睫毛增加负担。

一、厚重的睫毛膏很难卸

睫毛膏可以分为两种，一种是防水型的，一种是温水可卸型的。针对不同类型的睫毛膏，可以选用不同的卸除产品和卸除方式。

1. 防水型睫毛膏的卸除方法

要想卸除防水型睫毛膏，就要按照下面的方法进行：

（1）用化妆棉蘸取睫毛膏卸除液，覆盖到睫毛上，一边按压一边数秒，约停留10秒。

（2）用化妆棉从睫毛根部均匀地轻轻擦拭睫毛，同时带走睫毛上的卸除物，不要粗鲁地来回搓揉睫毛。

（3）如果化妆棉脏了，就要换一片新的；也可以将其对折，用干净的背面继续擦拭睫毛，直到完全将睫毛膏除去。切记：要用化妆棉多擦拭几次，因为睫毛膏被分解后，会藏到肉眼看不到的地方。

（4）眼头与眼尾，用棉花棒清理，不用担心卸妆液会直接刺激到眼睛。

2. 温水可卸型睫毛膏的卸除方法

要想卸除温水可卸型睫毛膏，可以尝试下面的方法：

（1）洗澡时热敷一下眼部及眼周围，用温度溶解睫毛膏，再用洁面产品就能卸除睫毛膏。

（2）洗完脸后，用纸巾或化妆棉再擦拭一次，看看有无睫毛膏依然附着在睫毛上，确认无眼妆残留物，即是卸除干净。如果不将睫毛膏完全卸除，让睫毛膏残留在睫毛上，时间长了，睫毛毛囊就会出现阻塞、受损等问题，使睫毛变得脆弱、易断。

二、假睫毛怎么卸

为了让整个眼妆显得更迷人，很多爱美女性化妆时都喜欢在眼部贴上假睫毛，使眼睛显得更大更有神。但在卸妆时，很多女性却不知道怎么卸眼部的假睫毛。卸除假睫毛不当，会使眼部的睫毛脱落，甚至伤害到眼睛。如何才能正确卸除假睫毛呢？

步骤1：用棉签蘸取适量卸妆油，先擦睫毛的根部。擦睫毛根部时，一定要轻柔，要仔细地将假睫毛的胶擦干净。

步骤2：用卸妆油擦过的假睫毛根部会在几分钟后自己脱落，卸假睫毛时，千万不要强行撕扯粘在眼皮上的假睫毛，否则会让睫毛跟着受到撕扯脱落，时间长了，会让眼皮变得松弛下垂。

步骤3：待假睫毛完全被卸妆油分离脱落后，用一张干净的卸妆棉，将卸妆油倒在新卸妆棉上，之后将卸妆棉敷在眼睛上。切记：将卸妆棉敷在眼睛上时，一定要闭上眼睛，以免卸妆油进入眼内，从而伤害到眼睛。

步骤4：待卸妆棉在眼部敷10秒后，拿下卸妆棉，同时向外轻柔地带一下，假睫毛就能轻松地卸下来。

·第二章·
美眉媚目：主动彰显心灵之窗的魅影

◎消除疲劳，关注眼睛呵护

办公室工作、开车上下班，甚至悠闲地阅读杂志，都需要用眼睛来观察身边的一切。但是，与身体其他部位不同的是，多数人都不会花太多的时间去锻炼自己的眼睛。同时，电子产品虽然给人们带来了诸多方便，却让眼睛倍感压力，尤其是对于上班族来说，更容易出现眼睛疲劳、干涩等现象。

一、眼睛疲劳的主要表现

眼睛一旦出现疲劳感，就会出现下面一些症状：

（1）眼部症状。近距离工作或阅读时间太长，眼睛容易出现疲劳、流泪、怕光、不愿睁开、复视、眼前闪光、视线模糊、结膜充血、视力减退或不稳定、眼睑跳动感、眼睛胀痛感等症状。

（2）全身症状。眼睛疲劳，就会出现头痛、困倦、嗜睡、记忆力减退、注意力无法集中、思考力下降、恶心、呕吐、肩酸痛、面肌抽搐、多汗、食欲不振、失眠、急燥、易怒、烦恼、头重、偏头痛、眩晕等症状。

（3）引发眼疾。很多眼疾在初期时的症状都是疲劳，严重时，才会转为眼痛，并伴有视力障碍。

因此，在平常的生活和工作中，一定要注意保护自己的眼睛。如果觉得眼睛累、酸、疼，至少说明该让眼睛休息了。

二、有效缓解眼疲劳

如何才能有效缓解眼疲劳呢？这里教给大家几个方法：

1.睁开眼看看远处

做完眼保健操后，举目远眺，看看远处的绿色植物，调节视网膜细胞的功能，促进视力恢复，缓解视疲劳。

2.用茶水敷在眼上

将毛巾浸入茶水，放平身体，将毛巾敷在眼部10～15分钟，就能消除眼部疲劳。需要注意的是，不要让茶水流入眼中。毛巾浸入茶水中前，要先把茶水晾一晾。

3.将眼睛闭一闭

使用手机电脑时，如果突然出现眼睛疼痛、流泪、畏光等症状，可以尝试一下闭眼、眨眼等动作。此时，千万不要目不转睛地盯着屏幕看，应该放下手机，让眼睛缓和一下。

4.多吃含维生素A的食物

维生素A能构成视网膜表面的感光物质，缺乏维生素A，很容易引发夜盲症。长时间盯着电脑屏幕，会大量消耗维生素A。因此，为了给眼睛补充营养，要多吃一些含有维生素A的食物。

5.适时挤挤眼睛

佩戴隐形眼镜或近视眼镜的人、长时间用眼的人、在电脑面前工作的人，要适时地挤挤眼睛。剧烈挤眼几秒钟，就能让眼睛得到润滑和清洁。切记要长期坚持，每10秒钟至少做一次。

第二章
美眉媚目：主动彰显心灵之窗的魅影

6. 做眼保健操

做眼保健操，按摩眼部穴位，可以促进眼部及其周围的血液循环，消除眼睛干涩、眼睛胀痛、眼睛疲劳等症状。因此，可以找些眼保健操来做。这样的眼保健操教程网络上有很多，认真筛选后，就能找到真正适合自己的。

7. 让眼球旋转起来

为了扩大眼睛的运动范围，可以想象自己正处在一个大钟的中心。保持头脑清醒，使目光定在12点位置，保持两秒钟，并用调息方法进行3次呼吸。然后，旋转眼球到3点的位置、6点位置和9点位置，同时进行调息法呼吸。最后，顺时针和逆时针交替，重复这种动作，每次做3遍。

8. 手掌按摩眼睛

如果感到自己的眼睛有点沉重，就可以用手掌按摩眼睛。具体方法是：首先，双手相对，将手掌来回搓热。然后，闭上眼睛，并把手掌捂在眼皮上，让手指越过额头，确保没有光线进入。如此，就能让眼睛得到放松。同时，调整呼吸，尝试一下瑜伽的调息技巧：正常吸气，快速呼气，收缩腹部，将肺部的空气推出，如此做5分钟。

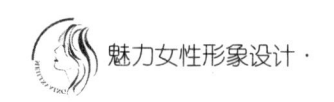

◎治理黑眼圈，减少熊猫眼

黑眼圈，俗称"熊猫眼"，是指上下眼睑皮肤呈现青黑色的病变，即眼睛周围皮肤的毛细血管的血液流动受到阻碍，皮下黑色素沉淀。年龄越大，眼睛周围的皮下脂肪越薄，黑眼圈越明显。

黑眼圈会让一个人看起来气色晦暗，精神萎靡，是现代女性的美容大敌。黑眼圈形成的原因不尽相同，如饮食不规律、缺乏铁元素、吸烟饮酒、情绪低沉、思虑过度或熬夜引起的睡眠不足、内分泌系统或肝脏疾病等，会让色素沉着在眼圈周围；缺少体育锻炼、血液循环不良、体虚或大病初愈、性生活过度、先天遗传，也都可能使女性产生黑眼圈。

黑眼圈是眼部衰老的一种迹象，根源在于眼部血液循环的衰退，继而由内到外慢慢出现问题。如果想让自己的眼睛重新焕发出神采，就要想办法将黑眼圈消除。当然，对于不同原因造成的黑眼圈，要使用不同的方法。

1. 静脉曲张出现的黑眼圈

女性的眼窝或眼睑处如果出现静脉瘤、静脉曲张、眼睑长期水肿等现象，也会引起静脉血瘀塞，继而形成黑眼圈。对于这种黑眼圈，可以用手术进行矫治。

2. 外伤引发的黑眼圈

挫伤了眼睑和眼窝，会引发皮下出血，从而形成黑眼圈。这类黑眼圈

·第二章·
美眉媚目：主动彰显心灵之窗的魅影

只能到医院请医生处理，自己最好不要贸然对挫伤部位进行冰敷，更不要随意涂抹外用药物。

3. 先天遗传出现的黑眼圈

有些女性的眼轮匝肌出生时就比较肥厚，或眼皮的色素比邻近部位皮肤的色素深暗，眼周皮肤就会显得晦暗，没有光彩。对于这种先天性的黑眼圈，只能用化妆品来遮盖。

4. 过度化妆出现的黑眼圈

使用某些化妆品后，化妆的色素微粒会渗透进眼部皮肤，时间长了，也会形成黑眼圈。要改善由某些化妆品微粒渗透引起的黑眼圈，就要停用这些化妆品，改用品质较佳的化妆品。同时，晚上睡觉前要彻底卸妆，防止黑眼圈加重。

5. 血液循环差出现的黑眼圈

眼部浮肿与血液循环不良有着密切关系，女性的眼窝或眼睑处如果长期出现眼睑水肿的现象，水分代谢就会失衡，多余的水分囤积在细胞内，就会形成黑眼圈。如果自己的血液循环不良，要经常做眼保健操，同时减少使用电脑的时间。

6. 长期日晒出现的黑眼圈

长期日晒，会让色素沉淀在眼睛周围，时间长了，就会形成挥之不去的黑眼圈。血液滞留，也会减慢黑色素代谢。如果女性因为工作关系每天都要经受日晒，要尽量将时间控制在早上8~10点或下午4~6点，使用防晒产品、眼霜等，还要经常给面部补水。

7. 睡眠不足出现的黑眼圈

过度疲劳和睡眠不足，会让眼部的自主神经失调，使眼部的血液循环不畅，引起眼睑皮肤内的静脉血流瘀塞。静脉血的颜色较暗，就容易形成黑眼圈。针对这种情况，只要充分休息就能得到改善。对眼部多进行热敷和按摩，也能改善眼部的血液循环，减少由过度疲劳而引发黑眼圈的概率。

◎消除眼袋，成就"绝袋佳人"

早上醒来，很多女性都会看到大大的眼袋挂在眼下，显得人无精打采。如何才能去除眼袋呢？

一、为什么会出现眼袋

随着我们年龄的增长，进入 25 岁后，肌肤的新陈代谢就会减慢，维持皮肤弹性的胶原蛋白和弹性纤维也会慢慢流失，原本保护眼球的脂肪慢慢淤积起来，肌肤越来越松弛，自然就兜不住淤积的脂肪了，形成大大的眼袋。眼袋出现的原因有以下几个：

原因 1：眼部皮肤松弛是眼袋形成的重要原因，所以要想办法恢复有弹性的眼部皮肤。除了口服胶原蛋白产品之外，还要使用含胶原蛋白的眼膜。平时还可从饮食中摄取胶原蛋白，多吃猪蹄、猪皮、鸡爪等食物。

原因 2：眼部肌肤非常薄，是人体最薄的肌肤，而且眼部肌肤的运动量非常大，平均一天要眨眼 10000 次，容易导致老化松弛。

原因 3：经常熬夜和长期睡眠不足是引发眼袋出现的一个重要原因，眼部得不到充足的休息，就会让眼部周围的皮肤组织慢性疲劳，阻塞血液循环，导致眼部皮肤组织过早地出现衰老现象，再加上重力的作用，眼袋就会出现。

二、消除眼袋小妙招

有了眼袋，可以试试下面的一些小妙招：

1. 用眼霜给眼消肿

用眼霜给眼消肿需要注意的是：不要选用过于油性的眼霜，以免将多余的油脂粒堆积在眼部周围，最好使用质地清爽的产品，保持眼周皮肤水油平衡，避免出现油脂粒堆积。

2. 用咀嚼让血液动起来

经常咀嚼木糖醇、芹菜等耐嚼的食物，有助于带动面部细胞活动，促进血液循环，改善面部肌肤。此外，平时多吃些含胶原蛋白、膳食纤维丰富的食物，如肉皮冻、猪蹄、芹菜、竹笋等食物，也能有效消除眼袋。

3. 按摩眼睛来消肿

睡前喝水很容易出现眼袋，如果想消除浮肿，就要多运动，做脸部、眼部按摩，促进局部血液循环。具体方法是：睡前用无名指在眼肚中央位置轻压10次，每晚坚持。同时，要少吃过咸或过辣的食物，睡前不要喝太多水。

4. 用黄瓜片敷眼睛

如果想有效补充眼部水分，消除眼袋，可以将黄瓜片敷在眼睛上。具体方法是：

（1）准备一根小黄瓜，将其放到冰箱内冷藏半个小时。

（2）取出洗净，切成小片，注意要尽量切得薄一点，便于贴合肌肤吸收营养。

（3）将黄瓜片贴敷在眼部肌肤，10分钟后取下。

◎ 5分钟消除眼睑浮肿

一、眼睑浮肿有原因

眼睑浮肿，是指眼部周围异于常态，外形肿胀突出，有疼痛感，即便是眨眼也会感到疼痛。血液循环不畅、代谢能力差的人，一般都会眼睑浮肿。血液循环不畅，来不及将体内多余的废水排出去，水分滞留在毛细血管内，甚至回渗到皮肤细胞中，就会产生膨胀浮肿现象。眼睑浮肿族群主要包括：习惯在睡前大量喝水的人、经常久坐不动的人、平常饮食口味重的人、经常熬夜的人以及天生代谢差的人。

眼睑浮肿还与饮食习惯和不良的生活作息有关。盐分会使水分潴留，让淋巴循环逐渐减慢，所以长期食用高盐分或辛辣食物的人，毒素可能就无法有效排出体外，长期聚集，自然就会出现难看的浮肿。睡前喝太多水、睡姿不当、枕头过低，睡觉时体液就会被聚集在眼部，一旦体内水分倒流，就会形成眼睛浮肿。

二、如何消除眼睑浮肿

清晨起来，突然发现自己的眼睑一不小心浮肿了，如何去除眼部浮肿呢？下面的几种去眼部浮肿方法，方便有效，只要花费五分钟的时间，就能快速消除眼部浮肿。

1. 冷水洗脸

这是消除浮肿最快最简单的方法。用冷水洗，能刺激眼部血液循环，利用热胀冷缩的原理，达到消除浮肿的目的。

2. 用隔夜茶包配合按摩

茶叶中含有单宁酸，是一种很好的收敛剂，能有效消除浮肿。具体方法是：将泡过的隔夜茶包敷在眼睛上，10分钟后取下洗净。

3. 做眼部按摩，缓解疲劳

在眼窝处施以指压法，不仅能促进血液流通、消除浮肿，还可以缓解眼部疲劳。具体方法是：对眼部进行按压，将食指指腹分四点按压眼部四周，每个点按2～4秒。

4. 用冰盐水敷眼睛

盐水具有杀菌清热消火的功效，有极佳的收缩作用，将冰盐水敷在眼上，不但能镇静、舒缓眼部肌肤，也能有效消除眼部浮肿。具体方法是：将经过冷藏的盐水取出，用化妆棉充分蘸取，敷到双眼上。

5. 将冰镇补水眼膜敷在眼上

将冰镇过的补水眼膜敷在眼上，用低温刺激淋巴收缩排水，不仅可以消除眼部浮肿，还能迅速镇静肌肤，改善黑眼圈现象。具体方法是：首先，先把补水眼膜放入冰箱里冰冻；其次，洁面后，将眼膜取出，敷到眼部肌肤上；再次，闭上眼睛，让眼膜的营养液充分被肌肤吸收，保持10分钟；最后，取下眼膜后用手轻轻拍打，直至营养液被均匀吸收。

◎巧妙对付眼角纹

眼角最容易长皱纹，大多数人的皱纹都是从眼角开始的。

一、哪些原因导致眼角皱纹

眼角长皱纹是年龄增长的表现，也是人体衰老开始的一种信号。眼睛周围的皮肤是全身皮肤中最脆弱、最娇嫩的部分，也是最容易产生皱纹的地方。那么，什么原因会导致眼角纹产生呢？

1. 光老化形成眼角纹

长时间暴晒导致的光老化是皮肤老化的原因之一。眼部皮肤长时间地处于强烈的紫外线照射之下，皮肤内的自由基就会大量增加，加速皮肤老化的速度，从而产生皱纹和晒斑，眼角纹自然也就形成了。

2. 暴瘦形成的眼角纹

脂肪是支撑人类皮肤的重要部分。为了减肥，有些女性可能会使用一些不健康的手段，让自己在短时间内暴瘦。皮肤突然失去脂肪的支撑，难以快速收缩来适应骤减的脂肪，就会变得松弛，形成眼角纹。

3. 太干燥形成的眼角纹

皮肤处于干燥缺水状态，却没有得到有效的保养，就会形成眼角干纹。干纹出现后，依然不注意眼部保养，就会加速形成眼角纹。所以，平时一定要做好肌肤补水，眼部觉得干了，就可以使用眼霜等护肤品，还要多喝水。

4. 自然老化形成眼角纹

皮肤的自然老化是眼角纹产生的最重要原因。随着年龄的增大，人体内的胶原蛋白流失，肌肤组织开始坍塌老化，最先出现的就是眼角纹。自然老化出现的眼角纹是最不可抗的，因为不管使用什么保养品，都只能在一定程度上延缓眼角纹的出现，并不能完全防止眼角纹出现，也不能去除已经出现的眼角纹。

5. 拉扯皮肤形成眼角纹

有些女性卸妆时不注意，直接用化妆棉用力擦拭，拉扯眼部肌肤；有些人养成了揉眼睛的习惯，总会用力地揉压眼周肌肤……这些坏习惯都会导致眼角纹过早形成。开始的时候，皱纹都是因为这些原因出现在脸上的，稍不留意，它们就会肆无忌惮地爬满你的全脸，狂妄地毁灭你的俏丽容颜，让你快速走向衰老。

二、想办法消除眼角纹

为了不让自己的眼角长皱纹，很多女性都在积极寻找方法。怎样的方法才最有效呢？

1. 多吃含胶原蛋白的食物

胶原蛋白可以增加皮肤贮水的功能，可以滋润皮肤，并保持皮肤组织细胞内外水分的平衡。因此，可以多吃一些富含胶原蛋白的食物，如猪皮、猪蹄、甲鱼等。

2. 多做眼部按摩

按摩可以促进血液循环，如果眼部有皱纹，就可以配合抗衰老的精华油做一些按摩。具体方法是：首先，用横"V"字手势从眼头划过眼部，拉开眼角；其次，顺时针打圈，轻轻按压眼部穴位。

3. 做好眼睛部位的保湿

为了让眼部保湿，可以使用一些滋润效果较佳的眼部护理品。做好面部清洁后，要尽快擦上护理品，让眼部肌肤维持一定的保水度。平时，为了加强保湿，也可以利用保湿眼膜、冻膜等。

4. 改掉一些坏习惯

生活中养成的一些不良习惯也会让眼部出现皱纹。比如：眯缝眼看东西、躺着看书、用脏手揉眼睛等，都容易使眼角出现鱼尾纹，因此，如果想减少眼角纹，就要逐渐改掉这些不良习惯。

5. 用眼霜按摩眼睛四周

用眼霜按摩眼睛周围，可以消除眼角纹。具体方法是：首先，用无名指取黄豆大小的抗衰老眼霜，均匀涂抹到眼睛周围，逆时针方向轻轻打圈按摩。其次，用中指和无名指按在眼睛两侧，慢慢推揉眼侧皮肤，用另一只手的无名指轻柔地打圈按摩。

· 第二章 ·
美眉媚目：主动彰显心灵之窗的魅影

◎眼睛疼，怎么办

如今，我们的生活越来越离不开手机，上到六七十岁的老人，下到十几岁的妙龄少女，越来越多的女性患上了手机依赖症。同时，电子产品、电脑也成了我们工作、学习的必备工具。如此，必然会加大眼睛的负担，从而引起各种眼部不适的问题。

一、眼睛涩痛怎么回事

发生眼睛干涩的现象，与室内开着空调、门窗紧闭有关。如今的办公场所都是密闭空间，因为有中央空调或暖气。环境改善了，但室内空气干燥且流动性差，使眼睛表面泪膜中的水分加速蒸发，角膜水分不足就会出现眼睛干涩、视物疲劳等现象。

角膜能保护眼球内部结构，其表面的泪膜会源源不断地滋润角膜表面，并为角膜提供氧气。如果泪膜水分不足也会引起眼结膜炎和干眼症。

从中医角度来讲，因五脏六腑之精气皆注于目，当眼睛视物疲劳，气血也就跟着损耗，从而降低其调节、润滑、视物的功能。所以，眼睛干涩也是一个报警信号，提醒你要注意健康用眼。

除了生理原因和环境因素，眼睛干涩还常发生于长途司机和长时间盯屏幕、爱化妆的女性身上。由于长时间盯屏幕、化妆品刺激等各种因素导致瞬目频率减少、化学性眼睛损伤，使泪液分泌减少和泪液质量下降，从

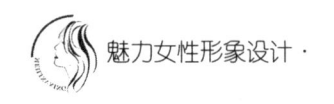

而使眼睛感到干涩甚至疼痛。

二、如何缓解眼睛酸痛

中医认为，累从眼入，眼酸、眼痛、眼睛干涩、视力模糊等眼睛疲劳是全身疲劳的信号。眼睛感到疲劳，可以以眼睛为中心压眼球、推眼睑、按揉眼眶上的穴位，舒筋活络，促进眼周的血液循环。具体方法如下：

1. 压眼球

用中指的指腹轻压眼球3次，每次20秒，直到产生酸胀感为止。

2. 推眼睑

在眼睛周围涂抹按摩霜，用中指和无名指（中指放在上眼睑，无名指放在下眼睑）轻轻地由眼内眦向眼外眦推，连续10次。

3. 眨眼睛

通常，每分钟眨眼少于5次，眼睛就会干燥。在电脑前工作时，眨眼次数只有平时的1/3，眼内润滑剂和酶的分泌会大大减少。如果眼睛疼，就要多眨眼，每隔一小时至少让眼睛休息一次，确保水分及时分散到眼角膜。

4. 按穴位

用拇指指腹点按揉眼眶上的穴位。例如，按压攒竹穴（眉毛内侧边缘凹陷处），每30秒钟暂停1秒；按压瞳子髎穴（目外眦旁，眼眶外侧缘处），两三分钟暂停1秒；按压球后穴（眼眶下缘外1/4与内3/4交界处），每1分钟暂停1秒。这几个穴位都有明目作用，可以快速缓解眼部疲劳。

5. 摄入维生素

如果长期面对电脑，就要多吃一些新鲜的蔬菜和水果，同时增加维生素A、维生素B_1、维生素C、维生素E的摄入。为了预防角膜干燥、眼干涩、视力下降、夜盲等症状的出现，要多吃富含维生素A的食物，如猪肝、胡萝卜、西兰花等。而维生素C，则能够有效抑制细胞氧化预防眼部细胞受到自由基的侵害，多吃新鲜果蔬就可以补充维生素C。

第二章

樱唇皓齿：动人从微笑开始

◎千万不要舔嘴唇

嘴唇是人的一个器官，非常脆弱，平时的一个小举动都会让它受到伤害，如平时说话、喝水、吃东西，都会使其产生裂纹。同时，嘴唇还容易生出死皮，如果用手撕会对它造成更大的伤害。可以用热毛巾盖在嘴巴上，然后用软毛牙刷轻轻地刷，让死皮自己掉下来。

舔嘴唇，只能让嘴唇更干，教你几招轻松去嘴唇死皮的方法：

如果嘴唇脱皮是因为缺乏维生素 E，就可以将维生素 E 涂抹在嘴唇上。还可以将蜂蜜、细盐和维生素 E 结合起来使用，因为蜂蜜能有效地滋润唇部。当然，要轻轻地涂抹，因为嘴唇很脆弱。几分钟后，再用温水清洗掉，再涂点唇膏效果会更好。此外，还可以用凡士林来滋润唇部。凡士林是一种滋润肌肤的产品，性质温和不刺激，性价比很高，具体做法是：将嘴唇洗干净，涂上一层凡士林，最好再贴上一层保鲜膜，15 分钟后洗掉，涂上唇膏。

如果嘴唇脱皮是因为本身缺水导致，就要多补充水分，平时多喝水，不要涂口红。另外多吃含胶原蛋白丰富的食物，有效锁住水分。

当然，还要知道，一定不要舔嘴唇。舔嘴唇时，刚舔完嘴唇是湿润的，但是过一会儿嘴唇就会更干，还会将嘴唇本身的水分带走，得不偿失。平时生活中，不要用手撕死皮，要注意防晒，不要将嘴唇直接暴露在烈日下。

·第三章·
樱唇皓齿：动人从微笑开始

◎养成涂润唇膏的好习惯

唇膏能为双唇建立起一层保护膜，防止唇部水分的流失，还能抵抗紫外线的侵害，为干燥的双唇补充水分与营养。冬季气候干燥，尤其是北方，唇部会变得十分脆弱，为了对嘴唇做好保护，为了让自己的嘴唇明艳动人，就要选用一款适合自己的润唇膏。

一、润唇膏成分解析

润唇膏分不同的成分，要根据自己的需求来选择。唇部肌肤比较敏感的美眉，可以用天然成分的润唇膏。润唇膏的成分主要有以下几种：

（1）凡士林。含有凡士林的唇膏一般都比较滋润，不会渗透进皮肤，能长时间留在嘴唇上。

（2）天然蜡质。将从蜂巢中提取的蜂蜡加入唇膏，就能有不错的滋润效果。

（3）维生素E。含有维生素E的润唇膏，不仅能增强角质细胞的密度，还能改善嘴唇干燥脱皮的现象。

（4）羊毛脂。天然的动物脂肪，含有胆固醇、羊毛固醇、甘油脂等，能够渗入皮肤，是一种不错的润肤剂。

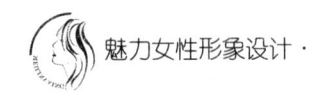

（5）植物精华。不同的植物精华具有不同的功效，如薄荷，可以清凉消炎；洋甘菊，可以舒缓皮肤；芦荟，可以让嘴唇保湿。

二、不要轻易舔嘴唇

虽然有些润唇膏没有香味，但并不意味着完全安全，更不用提使用了化学香料的唇膏了。经常舔唇，不仅会让嘴唇越来越干，还会不小心把唇膏吃下去。因此，为了身体健康和双唇的美丽，就要改掉舔唇的习惯。

三、正确使用润唇膏

润唇膏的涂抹最好是在出门前、涂口红前与睡觉前。最好使用含维生素 E 等具有良好保湿修护功能的润唇膏。

切记不能频繁使用润唇膏，否则会降低嘴唇自身的保护能力，一旦停用，唇部就会更加干燥。频繁使用润唇膏，还会让人对它产生依赖心理。所以，每天使用唇膏的频率最好控制在 2～3 次。

·第三章·
樱唇皓齿：动人从微笑开始

◎嘴唇，也可以做按摩

在日常护肤中，很多美女都会忽视了唇部，尤其是在季节交替时，嘴唇更容易干燥开裂。那么，如何来护理唇部呢？护理唇部的按摩操，只需五步，就能拥有水嫩嫩的唇部。

步骤1：先将舌尖放在上嘴唇和牙床之间，向外顶10次；然后，从左嘴角滑到右嘴角，来回10次。这个步骤可以有效预防法令纹。

步骤2：用拇指和食指轻轻捏住上下嘴唇，并按压10次。这一步有助于强化唇线。

步骤3：如果脱皮干燥严重，可以倒一杯热水，将双唇放在杯口，利用水蒸气滋润双唇；然后用柔软的唇刷刷掉死皮；最后取凡士林润唇膏，用无名指指腹在唇部打小圈按摩。

步骤4：舒展唇部，让唇部保持"啊"音5秒钟，之后保持"哦"音5秒钟；接着，让唇部保持"一"音5秒钟，保持"呜"音5秒钟。这一步能有效运动唇部肌肉，防止老化。

步骤5：用化妆棉蘸取一些植物油或香油，贴在唇部，保持5分钟以上；取下化妆棉后，用面巾纸轻轻按压，再涂抹一层润唇膏。这一步能有效缓解唇部开裂和脱水等情况。

唇部肌肤的厚度只有全身皮肤平均厚度的三分之一，没有皮脂腺和汗腺，是很脆弱的部分，更需要保护，所以平时一定要注意唇部的护理。如果你还在为唇部脱皮干燥烦恼，就做做上面的护唇按摩吧。

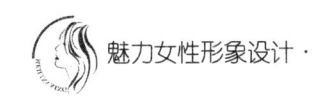

◎掌握丰润的朱唇保湿法

对女性来说，嘴唇红润是一种非常吸引人的特征。但是许多女性的嘴唇却又干又暗，不仅外表难看，而且嘴唇干裂的滋味也不好受。如果这种问题也经常发生在你的身上，那也不要担心，因为只要细心呵护嘴唇，就能使其红润起来。

干燥的唇部会让整个人看起来气色不佳，该如何保养唇部呢？下面是嘴唇保湿的几个诀窍，学习并照着做，就能让自己拥有水润双唇。

1. 用维生素 E 保养

将一颗维生素 E、少许盐和蜂蜜兑匀，用棉签沾在嘴唇上，来回轻轻擦；待嘴唇完全吸收后，用清水清洁，再涂上润唇膏，既能去角质又能滋润唇部。

2. 适当使用凡士林

用热毛巾热敷嘴唇 3 分钟左右，涂上凡士林，剪一块比嘴唇略大的保鲜膜盖在嘴唇上；5 分钟后，洗去凡士林；最后，涂上润唇膏，就能有效去除角质。

3. 不要肆意舔嘴唇

舔嘴唇的时候，唾液中的酸性成分会使嘴唇越舔越干，甚至使嘴唇干燥脱皮，因此嘴唇越干，越不能舔嘴唇，这是冬天嘴唇保湿的第一步。

第三章
樱唇皓齿：动人从微笑开始

4. 将绵白糖擦到嘴上

白糖每家都会有，方法也异常简单：先用热毛巾温敷嘴唇一会儿，然后用干棉签蘸白糖在嘴唇上擦，直到白糖融化。记住一定要用绵白糖，如果用白砂糖，会蹭伤嘴唇。

5. 巧妙使用润唇膏

要想防止唇部干燥脱皮和起唇纹，就要随身携带润唇膏，尤其是含有维他命 E 成分的润唇膏，随时滋润双唇。当然，要选择滋润效果较好、不易脱色的润唇膏。

6. 温和清洁唇部

唇部的肌肤比较敏感，在选择卸妆液时，要尽量选择性质温和的。清洗的步骤是：首先，用充分沾湿卸唇液的清洁棉轻轻按压在双唇上 5 秒钟；然后，将双唇分为 4 个区，从唇角往中间轻拭。

7. 做好唇膜护理

唇膜会给双唇更体贴的呵护，可以将精华素和柔和的营养霜按 1∶1 的比例混合，仔细地涂在嘴唇和唇角周围。当然，现在在商场和化妆品专柜里，可以直接买到唇贴膜，既方便，效果也不错。

8. 喝些白开水

白开水能及时给嘴唇增添湿润感。感觉口干，就是嘴唇变干燥的时候，这时候表示你缺水严重，需要补水，所以不要等到嘴唇发出缺水信号才去喝水，随时要保持充足的水分，嘴唇才会粉嫩红润。

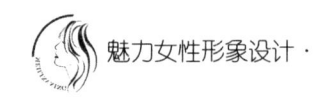

◎如何对付娇唇干燥蜕皮

嘴唇起皮不仅影响容貌,有可能出现健康问题,那么到底嘴唇为什么会起皮?嘴唇起皮了,如何做才能修复呢?

一、嘴唇起皮的原因

嘴唇干燥脱皮的原因不外乎以下几个:

(1)体内缺少维生素。

(2)气候太干燥,身体缺水。

(3)经常熬夜加班,睡眠质量差。

(4)每天喝水少,体内缺水。

二、如何让嘴唇不起皮

嘴唇起皮的主要原因是熬夜、缺水、缺乏维生素等,那么怎么做才能让嘴唇不起皮、不干裂呢?

(1)提高睡眠质量。

(2)多喝水,每天保持8杯水。

(3)如果嘴唇已经起皮,就要买一管润唇膏,每隔几小时涂一次。

（4）补充维生素，多吃些蔬菜水果。

（5）嘴唇起皮干裂，不要习惯性地抿嘴唇，否则，会让嘴唇越来越干。

（6）嘴唇起皮，如果用手撕死皮，不仅会让手上的细菌触碰到唇部，用力过度还会导致唇部出血。所以，千万不要用手撕嘴唇死皮，可以用热水敷一下唇部，等死皮慢慢软化再用软刷刷去。

◎巧妙上妆，改变唇形

很多女性都在意自己的五官，但想拥有完美的五官非常困难。更多的人会在自己的眼睛和鼻子部分下功夫，当然更不会忽视了嘴唇。因为好的唇形会给人以完全不同的感觉。那么，如果原本的唇形不好，又该怎么处理呢？使用化妆术！只要你对化妆品运用得恰好、精通化妆，就能得到自己想要的唇形。如此，改变唇形也就成了一件轻而易举的事。每天的唇形都可以不一样，就可以用不同的唇形来搭配不同的妆容。那么，具体来说都有哪些唇形呢？

1.骨感唇

骨感唇的特点是：唇形比较平，不太丰满，很性感。古代时，很多女性的唇都会故意画成这样，特别是做咬唇妆时会非常好看。过渡的地方不大，看起来会显得很美。

2.M字唇

这种唇形，合上嘴唇时，嘴唇就像一个"M"字，非常好看，个性十足。想要打造M字唇，需要花些心思，因为M字唇还有明暗之分。具体方法是：首先，在嘴巴的两边画上阴影，且要向上挑，让其有弧度；其次，在唇部中央和上面点缀一些高光，下方画些阴影。

3. 丰满唇

这种唇形和嘟嘟唇有些相似的地方,看起来比较水润、比较圆,这种唇形会给人一种风情万种、很撩人的感觉。具体方法是:首先,把原本的唇界向中间移动,用遮瑕膏将新唇界外的范围遮盖起来;然后,用阴影扫扫唇部下方;最后,涂上一些有金属感的口红。

4. 嘟嘟唇

很多女性都想拥有嘟嘟唇,但很多人却不知道嘟嘟唇到底是什么样的。其实,嘟嘟唇的样子是比较水润、比较小、有点圆,看起来没什么唇纹。拥有这种唇形,会让人看起来很年轻、很少女。具体方法是:首先,选取一支粉红色口红;然后,涂满嘴唇,让唇部更加突出。

其实,无论何种唇形,只要好好打理,学会化妆,嘴唇都会变得好看起来。为了让自己的唇形变得好看而去做整容,虽然能让唇形改变,但存在很大的风险,且日后的打理也比较麻烦,所以最好不要为了改变唇形而去整容。只要懂得化妆,何愁没有满意的唇形。

◎注意牙齿卫生，保护好牙齿

随着生活质量的提高，食材种类的增多，人们吃的花样也越来越多，每到休息时间，在餐厅或饭馆里总能看到很多女性"吃货"；而在超市零食区，也少不了女性的身影。可是，吃太多东西，不仅会伤害到牙齿，还会引起口腔异味等问题。为了减少这些问题，首先就要注意牙齿卫生，保护好自己的牙齿。

1. 保持口腔卫生

有些女性朋友有口臭，或者出口有异味，都会给他人留下不好的印象，因此一定要保持口腔卫生。如何做到这一点呢？比如，每天刷三次牙，每次至少三分钟，饭后三分钟内应漱口。

2. 使用适合自己的牙刷

有些女性认为，既然是刷牙，只要拿牙刷，挤点牙膏，刷刷就行。很多人不知道的是，刷牙也要选择适合自己的牙刷。比如，最好使用软毛的保健牙刷，使用比较硬的牙刷会伤害到牙齿，更无法有效清除牙齿的脏物。

3. 使用正确的刷牙方法

为了赶时间，有些女性刷牙会草草了事，这是无法有效清理牙齿的。那么，怎样清理我们的牙齿呢？正确的方法是将竖刷法和横刷法相结合。正确刷牙的动作要领是：刷唇颊面和后牙舌腭面时，将刷毛与牙长轴平行，刷毛指向龈缘，刷毛与长轴成45°角，转动牙刷；刷上牙时，刷毛顺着牙间隙由上向下刷；刷下牙时，由下往上刷。同一部位要反复刷5~6次。

第三章
樱唇皓齿：动人从微笑开始

◎食物嵌塞，急招去除

在日常生活中，很多女性会出现这样的困扰：吃了肉类或某些蔬菜后，不小心将食物中的纤维嵌塞在牙缝里，形成食物嵌塞，即使用牙刷使劲刷也刷不到，用牙签也剔不出，让人烦不胜烦。

1. 使用牙签

牙签，使用不当，会造成牙龈炎、牙龈萎缩、牙间隙增大，从而导致牙周病。那么，如何正确使用牙签呢？

（1）选择质地较硬、不易折断、表面光滑、没有毛刺的横断面、扁圆形或三角形的牙签，最好购买市售成品牙签。使用的时候，要保持清洁，不要用不干净的小木棍、铁丝、大头针或火柴棍来代替。

（2）牙签，适用于牙间有空隙的情况下。具体方法是：将牙签以45度角进入，尖朝向咬合面，侧缘接触于间隙的牙龈。然后，用牙签的侧缘沿着牙面刮净牙面，凹根面和牙根的分叉部位，可以用牙签尖及侧缘刮剔，将牙面磨光。如果嵌塞有食物纤维，可以做颊舌侧穿刺动作，将食物剔出，然后漱口。

（3）即便牙龈乳头正常，也只能在牙龈沟内使用牙签。如果将牙签用力压入牙间乳头区，会使本来没有间隙的牙齿间形成缝隙，以后食物更容易嵌塞，需要再用牙签去剔。一旦形成恶性循环，牙间隙就会增大，牙龈

乳头也会萎缩，既会影响牙齿的美观和功能，又会引发牙周病。

2. 使用牙线

为了解决食物嵌塞这个问题，可以使用牙线。用牙线不仅可以去除牙缝间嵌塞物，还可以显著提高口腔卫生水平，消除塞牙带来的痛苦。

牙线是用尼龙线、丝线或涤沦线制成的一种有效洁牙工具，可以清洁牙齿邻面，有助于对牙刷不能到达的牙齿邻接面之间的间隙或牙龈乳头处的清洁，特别是对平的或凸的牙面效果最好。

另外，使用牙线还可以通过按摩对牙齿周围的牙龈造成刺激，促进牙龈的血液循环，达到预防、减少乃至治疗牙科疾病的目的。尤其是种植牙患者，更要学会使用牙线。研究表明，种植牙患者只要坚持三餐之后使用牙线，就能达到预防种植体周围发炎的目的。

第三章
樱唇皓齿：动人从微笑开始

◎吃完饭后，要漱口

饭后漱口是一件非常有必要的事情。

饭后，牙齿上通常都会留下食物残渣，不仅容易对牙齿造成很大的伤害，还会滋生细菌、出现口腔问题。而饭后漱口，就能去除大部分残留食物，避免细菌的滋生。除此之外，吃了刺激性食物后，还会出现较重的口气，用清水漱口，就能有效减轻有刺激性的气味，让一个人变得更自信。

1. 使用清水

如今，市场上出现了很多种类的漱口水。有人认为，使用清洁效果强的漱口水，牙齿就会干净，就不用再刷牙了。其实不然。漱口水中一般都添加了消毒杀菌的药物成分，使用浓度太高的漱口水，不仅会伤害脆弱的口腔黏膜，还会打破口腔菌群的平衡；漱口水浓度太低，药力又不够，无法达到很好的清洁效果。所以，漱口的时候最好使用清水，有炎症时可以用淡盐水。

2. 将水含在口中

很多人漱口的方法是：将水含在嘴巴里，然后摇摇头、晃晃脑，借助头部的运动，让漱口水在口腔内冲刷牙齿。但事实证明，这种方法的效果并不好。要想取得良好的漱口效果，最好的方法是：将水含在嘴里，利用唇颊部，也就是腮帮子的肌肉，让漱口水通过牙缝。采用这种方法漱口，

不仅能将食物残渣带出口腔，还能有效预防口臭。

3. 巧对口腔感染

如果口腔里出现感染，如长口疮时，可以使用硼酸漱口水或1/5000呋喃西林漱口水。将它们含漱就能起到一定的治疗作用，不仅能减少龋齿的发生，还能减少口腔细菌数量并阻止抑菌斑的形成。

4. 使用温水和中草药

平常漱口的时候，要使用温水，将温度控制在35℃左右。当然，也可以使用中草药来漱口，不仅能保持口腔的清洁，还能去除异味。

5. 每天漱口6~8次

调查显示，经常漱口的人患牙周炎、龋齿、上呼吸道感染、肺炎、支气管炎等疾病都会显著低于没有养成这些习惯的人。尤其是在秋冬季节，气候干燥，各种病原体游离在空气中，人们更容易将其吸入口腔，经常漱口，可以清洁口腔卫生，达到预防生病的目的。那么，究竟一天漱口几次效果最好呢？每天除早晚刷牙外，每间隔2小时就要漱一次口，特别是吃饭前后一定要漱口，每天最好控制在6～8次。

6. 用茶水漱口好处多

口腔里的食物残渣，多数都呈酸性，会腐蚀牙齿，引发龋齿等牙病。而茶叶属于碱性，不仅能中和酸性，还能抑杀某些病菌；同时，茶中含有氟化物，是牙本质不可缺少的物质，不断地将少量氟浸入牙组织，会增强牙齿的坚韧性和抗酸能力，防止龋齿的发生。此外，研究还发现，茶叶中的茶素具有抑制流感病毒活性的作用，坚持用茶水漱口，还能有效预防流感的发生。

第三章
樱唇皓齿：动人从微笑开始

◎充分咀嚼，洁净口腔

俗话说："吃八分饱不必看医师，吃十二分饱看医师也难治。"吃十二分饱就等于饮食过量，会使血液中的废物增加，使血液变污浊，这是万病的根源。仔细观察饮食过量的人，就会发现他们大都没有充分咀嚼，进食速度相当快。也就是说，如果想减少食量，只要充分咀嚼就可以办到。

过去美国有位巨富名叫霍雷斯·弗莱彻，重达100公斤，被病魔缠身，患有胃肠病、肝病、糖尿病、关节疼痛、肌肉酸痛、全身倦怠、失眠病……每天都过得很痛苦。为了治病，他花了很多钱，看遍了名医，甚至不惜远道造访欧洲各地的医师，症状依然没有得到好转。

有人告诉他："只要充分咀嚼食物，就能治愈疾病。"他接受了忠告，不再去看医师，不再服用药物。进食时，每口都咀嚼60次以上才吞下肚。结果，改掉暴饮暴食的习惯后，每次吃饭只要吃一点就觉得很饱，也不再喜欢肉类等油腻食物，体重果然逐渐减到75公斤，所有的疾病也不药而愈。

于是，欧美就把将食物细嚼慢咽的主张称为"弗莱彻主义"（细嚼进食健康论）。

唾液中含有淀粉酶等成分，多多咀嚼，唾液分泌就会更加顺畅，适量的唾液不仅能减轻胃的负担，还具抗菌作用，可以在一定程度上保护口腔。

◎牙疼不是病，疼起来能要命

俗话说："牙疼不是病，疼起来真要命。"牙疼时，真的让人生不如死。

为了缓解牙疼，有些人会拿两粒花椒含在牙疼的地方，坚持半个小时左右，牙疼会缓解许多。可是，牙依然会疼。去医院买点药不行吗？行！可是，去医院买药一路上需要忍着疼痛，有些特效药还会对身体造成伤害。如何才能解决牙疼呢？这里就有几个小方法：

（1）浓盐水漱口。很浓的盐水，有助于消炎，可以用浓盐水漱口。也可以用药棉沾上浓盐水，咬在肿痛的牙齿上，过程虽然更加疼痛，但坚持一小会，再用白开水漱一下口，牙痛就会缓解许多。

（2）巧用大蒜。大蒜能够杀菌，将蒜切成薄片，敷在手腕的脉搏处，也可以缓解牙疼。如果是左边的牙痛，就敷在右手腕的脉搏处；右边的牙痛，就敷在左手腕上。注意，敷上蒜会很辣，要有心理准备。

（3）嚼花椒。如果是蛀牙引起的牙疼，可以嚼几粒花椒。花椒本身能杀菌。酒精也能杀菌，用白酒煮点花椒，含到口中，效果会更好。

（4）白酒加鸡蛋。具体方法是：一是将二锅头酒倒入碗内，放1~2个带壳的生鸡蛋，让白酒的液面浸入鸡蛋的2/3。二是用火柴点燃，用木

第三章
樱唇皓齿：动人从微笑开始

筷翻动鸡蛋几次，约 20 分钟，以鸡蛋壳焦而不破、用筷子能夹起为最好。

三是鸡蛋煮熟后，趁热放入口中，在病牙处反复咀嚼、咽下，约 5 分钟见效。这种方法见效快，但需要注意安全，不能伤到自己。

第四章

面部保养：掌握呵护皮肤的秘籍

◎做好个人面部肌肤护理

很多女性朋友都觉得，美容院的护肤效果比自己在家里要好很多。其实，在家里也可以做一次很好的脸部护理，让脸部肌肤光滑、细腻、有弹性。那么，如何在家里做脸部护理呢？具体方法如下：

1. 清洁皮肤

通常，脸部清洁要分为两部分：深层清洁和表面清洁。可以先用深层清洁油进行深层清洁，再用泡沫清洁品进行表面清洁。因为，平常所说的清洁油可以将毛孔和毛囊里沉淀的脏东西溶解掉，把它们清理出皮肤表面；用泡沫洗面奶，可以将排出毛孔却还附着在皮肤表面的废物进行二次清洁。

2. 去除角质

无论是看护肤节目，还是买护肤产品，宣传员都会推荐给我们一些去角质类型的产品。虽然说，角质层可以帮我们抵挡一些粉尘和细菌的侵害，是皮肤的第一层防护层，但是角质层在代谢的过程中，也会逐渐堆积下来，厚到一定程度就会形成一堵墙，让后续的护理效果大打折扣，致使皮肤得不到护肤品的滋养。时间长了，还会让脸色变得晦暗、失去光泽。所以，清洁脸部肌肤后，最好做一些角质的软化处理。

3. 及时补水

用渗透性好点的化妆棉蘸满护肤水，补充一下脸部的水分。不要觉得

·第四章·
面部保养：掌握呵护皮肤的秘籍

用棉片麻烦、没必要，因为通过前面的步骤皮肤毛孔已经被打开，将这一步做好，吸收效果就会翻倍；做得不好，就几乎无效。

此外，还可以在脸上滴一些精华素。为了更好地让皮肤吸收精华素，可以用双手的中指、无名指等指腹部位，顺着面部的经络，慢慢地把精华素抹开，让脸部放松，提高吸收效果。

4. 乳液锁水

水和乳是平时护肤工作中离不开的两个东西，往往也是一套准备的。主要原因就在于，护肤水容易挥发掉，皮肤所需营养还不够，而乳液可以对这些问题进行弥补，还能将水分牢牢地锁住。

5. 涂抹日霜/晚霜

日霜是早上护肤步骤的结束，也是一天护肤工作的开始。爱漂亮的女生如果需要化妆，抹点日霜，可以减少皮肤负担。晚上，则要使用晚霜。这时候的皮肤虽然经过了一天的侵扰，但靠着晚霜的滋养，也能修复很多。

◎及时补水保湿，不干燥

寒冷的冬季，北风凛冽，脸部肌肤会变得十分干燥。如果皮肤干燥，缺少水分，就会变得没有弹性。如何才能更好地给肌肤补水？这里，就给大家介绍几种面部快速补水的方法。

1. 贴张补水面膜

说起面膜补水，估计大家都不会太陌生，平时很多爱美人士都会敷些具有补水效果的面膜为面部补水。使用该种方法，效果显著，简单便捷。需要注意的是，只有购买适合自己皮肤的面膜，才不会伤害到皮肤。

2. 缺水了，就洗脸

觉得自己的脸部肌肤紧绷、很干燥，可以在家里用温水洗脸，时间约一分钟。清洗完脸部，涂抹一些补水的护肤品，补水效果会更显著。这种方法经济实惠，且不受任何约束。不过需要注意的是，洗完脸后不要用毛巾擦干，自然风干即可。

3. 将黄瓜合理利用起来

黄瓜不仅可以吃，还可以给面部皮肤补水，因此很多美眉都会尝试这种方法。具体方法是：

首先，准备一根新鲜的黄瓜，清洗干净之后，切成薄薄的一片；

其次，将脸部冲洗干净，按摩一下脸部；

最后，将黄瓜片均匀地敷在脸上，约15分钟，再将其取下来。

・第四章・
面部保养：掌握呵护皮肤的秘籍

◎定期去角质，保持正常的新陈代谢

现在人们的生活水平提高了，但饮食不均衡，生活作息不规律，再加上加班熬夜等原因，使新陈代谢速度减缓。新陈代谢不正常，角质细胞不能自然脱落，就会厚厚地堆积在皮肤表面，引发肌肤的各种问题。

角质层是肌肤的最外层，能够保护肌肤、锁住水分，长时间不清理，会使肌肤暗沉、毛孔粗大，即使涂抹很贵的大品牌化妆品，也无法被肌肤吸收。所以，就要适度、适时去除角质。

1. 何时去角质

如果肌肤不那么透亮、有点粗糙、摸起来不光滑、用粉底不平整、容易长粉刺，就该试着去角质了。

2. 选用适合的去角质产品

要想找到合适自己的去角质产品，首先就要知道自己的皮肤性质。如果是中性皮肤和干性皮肤，就要使用温和一些的去角质产品；如果是油性皮肤，最好选择水杨酸类的产品。

3. 不要过度去除角质

太频繁地去角质，或者行为不温和，将原有的角质层去掉后，短时间内皮肤是很难形成新角质层的。一旦失去角质层的防护，皮肤的水分会更

容易丢失，皮肤也会变得敏感、发红、发烫，吸收能力也会减弱，继而引发皮肤干燥等问题。

并不是每个人都需要去角质，如果皮肤出现特别干燥、有紧绷感等问题，盲目去角质，还可能加重干燥的情况；同时，过于敏感的皮肤也不适合去角质，反而应该保护角质层不受伤害；患有某些皮肤疾病，脸部有伤口的人，也尽量不要去角质。

4.不同肤质，次数不同

不同的肤质，给皮肤去角质的次数也是不一样的，具体来说，可以参考下面数据：

（1）混合肤质。三周或一个月去一次角质。

（2）油性皮肤。两周去一次角质。如果皮肤厚，也可以一周做一次。

（3）干性肌肤。约两个月做一次。如果皮肤很干，也可以不做。

（4）敏感肌肤。可以不做。但如果真想去角质，一定要选敏感肌能接受的产品。

◎睡觉之前，彻底卸妆

粉底是妆容的基础，与肌肤接触的时间最长。在外奔波一整天后，脸上很容易出现浮粉和卡粉，那是因为粉底颗粒混杂了空气中的污染物、细菌、灰尘等。这时，皮肤的微循环系统就不能时时刻刻向皮肤组织输送氧气和营养物质了，也不能排泄代谢产物，更无法帮助肌肤进行自我修护，于是肌肤就出现细纹、肤色暗沉、毛孔粗大等一系列问题。

随着化妆在女性群体的流行，卸妆也成了很重要的一件事。那么，如何才能将妆容彻底卸掉呢？

1.选择好的卸妆产品

换季时节如果总是受到肌肤干燥和脱皮的困扰，就要从护肤开始，做好保湿工作。选择卸妆产品时，要选锁水功能较好的。卸妆后总是感到皮肤异常干燥紧绷的，可以选择乳霜或啫喱卸妆产品，更加亲肌。至于成分方面，可以选择含透明质酸、甘油、薰衣草等较多的产品，以便在卸妆的同时维持肌肤的水油平衡，牢牢锁住水分，不让水分肆意流失掉。

2.使用卸妆产品快速卸妆

眼部和唇部分泌的油脂很少，所以千万不要使用清洁力太强的表面活性剂，使用过多，会造成眼部细胞间质的过度流失，继而产生细纹，会让唇部越来越干燥，引发脱皮、起屑等问题。因此，选用的眼、唇卸妆产

品，必须是温和、不伤肌肤的。但即使如此，也不一定能将浓妆彻底清洁，卸妆后，最好用洗面奶清洁一遍。如果觉得多效卸妆产品很难入手，不如从基本做起。如今市面上有很多针对不同部位的卸妆产品，如专门的唇部卸妆或眼部卸妆产品等。

3. 派对浓妆，注意手法

参加派对上了浓妆，卸妆时要多花心思在卸妆手法上，手法要轻柔，尤其是眼、唇部位，太过用力的摩擦会造成色素沉淀，应该采用"先敷后擦"的手法，卸掉大面积妆容。

（1）眼部的卸妆。在洁面前要用化妆棉蘸取卸妆水，覆盖在眼上30秒，然后轻轻擦拭两三遍。如果使用了防水睫毛液，就用蘸满卸妆油的棉花棒，由睫毛根部向尖端轻轻涂。

（2）唇部的卸妆。先把少量的卸妆品倒在化妆棉上，由外唇向唇中轻轻擦拭；之后，再用棉花棒仔细清洁唇纹较深的部位。

眼唇部卸妆后，再全面卸妆。

4. 看看卸妆膏和按摩膏的质地

如今很多卸妆膏都号称能够"边按摩，边瘦脸，边卸妆"，但卸妆品里面根本就不可能含有瘦脸的成分，所以还是不要按摩了。你的按摩，不仅不会让将皮肤洗得多干净，过度拉扯和不正当的按摩手法，还能让皱纹滋生，甚至脸上的污垢也会因这种"用心"按摩被重新送回到肌肤中，如此就等于没卸妆了。所以，选择卸妆膏时，要看看它们的功能是不是单纯卸妆，如果带有瘦脸功能，就不要买了。

5. 让脸部热起来，卸妆更彻底

很多女性认为，无论自己怎么搓，卸妆都不干净。原因何在？因为毛孔经过了一天的操劳或冷热无常的温度，变得很难打开，藏在毛孔里的污

第四章
面部保养：掌握呵护皮肤的秘籍

垢根本搓不出来。为了应对这种情况，可以给脸部肌肤做做热身，首先将热水浸湿的毛巾拧干，然后轻敷到脸上 2~3 分钟。如此，脸的温度就能快速提升，能迅速软化肌肤角质，让毛孔轻微张开，污垢也更容易浮于肌肤表面。接下来使用卸妆产品，就能轻松卸干净污垢了。

◎小小一张面膜，就能抗皱保湿

一、面膜的使用常识

面膜是肌肤的"补品"，有着极佳的护肤功效，但如果使用不当，"补品"也会伤身。过度使用面膜，皮肤角质层就会变薄，降低面部皮肤的保护力，容易出现过敏、脱皮等问题。因此，为了让面部越敷越美丽，使用面膜时一定按以下步骤进行：

步骤1：用20℃左右的水将脸清洗干净。

步骤2：用干毛巾或面巾纸轻轻擦干脸上的水。

步骤3：在前面发际处喷点水，再把头发固定，以免碎头发掉下来。

步骤4：将面膜挤在手心上，先整体薄薄涂一层，再补上一层。

步骤5：鼻子和下巴处的油脂比较多，要用面膜将毛孔完全覆盖住。

步骤6：将两颊涂满，不要露出皮肤。

步骤7：避开眼周和嘴周，除非产品有特别说明可以使用在眼唇周围。

步骤8：检查一下，看看有没有涂抹不均匀的地方，如果有，可以再补一些。

步骤9：冲洗时，最好用海绵吸水后仔细擦拭，特别是鼻翼旁凹陷的

第四章
面部保养：掌握呵护皮肤的秘籍

位置。

二、使用面膜的注意事项

涂抹面膜之前，洁面品和面膜的用量、皮肤的温度、使用面膜时周围环境的温度等，都会影响面膜的功能效果，因此要多注意这些方面的问题。同时，不要让面膜在脸上停留太长的时间，否则面膜会反吸收皮肤中的水分，在揭除时还会有疼痛感。

脸部汗毛的生长方向是自上而下的，因此要由上往下揭除面膜，一般不会对肌肤造成什么影响。但有些去角质的面膜，要想取得好的效果，就要逆着汗毛生长的方向揭除。

秋冬的肌肤容易干燥脱皮，而面膜则可以在短时间内给肌肤提供充足的营养，迅速提高肌肤的表层含水量，并带来深层滋润效果，强化护理肌肤。因此，为了更有利于肌肤对营养成分的吸收，秋冬时要定期为肌肤进行深层清洁护理和滋补，每周至少去一次角质，而后敷上补水面膜。

◎按摩肌肤，让肌肤血液循环更快

随着年龄的增长，肌肤会失去弹性，进行适当的脸部按摩，可以促进血液循环和皮脂分泌，减缓皮肤老化的速度。要想拥有弹性的肌肤，就要学习一下自我脸部按摩法。

首先，要学会运用指法。为了减少疼痛感，可以按照自认为舒服的力度来进行按摩。

其次，按照下面的步骤来进行按摩。

步骤1：将拇指固定在耳朵与下颌处的交接位置，两手的食指由内而外按摩下巴的底部10次。力度要轻柔，不要太用力。

步骤2：由内而外按摩下唇口轮匝肌与下巴之间的位置10遍。长期坚持，可以得到清晰的脸形轮廓。

步骤3：拇指在太阳穴位置保持不动，用食指由内而外按摩眼睛下面的肌肤与眼轮匝肌，使眼部肌肉得到放松，减少细纹，同时还能为眼球减压。重复10次，动作一定要轻柔。

步骤4：将拇指固定在太阳穴，将食指由内而外按摩额头，让额头的肌肉舒缓放松，使该部位的肌肉得到休息，同时尽量不要故意皱眉。这部分按摩结束后，轻拍额头，让血液更加流畅。

步骤5：将手握成拳头，用手背卷曲的位置在耳朵与脸颊处进行前后

第四章
面部保养：掌握呵护皮肤的秘籍

按摩，让整个脸颊发热。如此，不仅会让面部更有弹性，还能减少法令纹（位于鼻翼边向下延伸的两道纹路，是皮肤组织老化的表现，肌肤表面出现凹陷）。

步骤6：用两手手指轻轻按照下巴、脸颊与额头部位的顺序，分别向上按摩。重复20次，有助于提升脸部肌肉。

◎将面部皱纹除去的良方

脸上的皱纹不仅会让美女的形象大打折扣，还会降低个人的自信心。女性最担心的就是皱纹出现在脸上，其实，只要掌握方法，依然可以轻松消除皱纹。

1. 针对具体原因对症下药

皱纹出现的原因有很多，不同的原因就要采用不同的方法来除皱。

（1）肌肉松弛。如果是因为肌肉松弛而引发的面部皱纹，就要坚持做面部按摩，增强肌肉力量，预防皱纹的出现。

（2）纤维退化。面部纤维的退化，也是引发皱纹的一个原因。因此，要注意防晒，还要多摄入一些抗氧化的食物。

（3）皮下脂肪流失。因皮下脂肪流失而导致的皱纹，就要多补充一些身体所需的脂肪。此外，还能使用美姿尔苹果干细胞护肤品来祛除皱纹，轻松实现去皱嫩肤的目的。

（4）地心引力。地心引力带来的面部皱纹，任何人都无法避免，要想改善这种状况，就要多做一些运动，睡觉时不要使用太高的枕头。

2. 消除皱纹的偏方

去皱有很多偏方，这里推荐几个：

（1）用水果、蔬菜消除皱纹。丝瓜、香蕉、橘子、西瓜皮、西红柿、草莓等瓜果蔬菜对皮肤有最自然的滋润作用，有着不错的去皱效果，可以制成面膜敷面，使脸庞光洁、皱纹舒展。

（2）用茶叶消除皱纹。茶叶中含有400多种化学成分，主要有茶、酚类、芳香油化合物、碳水化合物、蛋白质、多种氨基酸、维生素、矿物质及果胶等，是天然的健美饮料。不仅可以增进健康，让皮肤保持光洁，延缓面部皱纹的出现，还能防止多种皮肤病，因此可以适当喝一些茶水。但不能饮浓茶。

关于除皱的方法有很多，上面介绍的两种，只作参考，不一定适合所有的美女。有兴趣的朋友，可以到网络上查找，然后找到真正适合自己的除皱方法。当然，不管哪种偏方，都要以不危害自身安全和健康为宜。

3. 面部除皱按摩法

为了消除面部及下眼睑部皱纹，祛风明目，疏肝利胆，可以尝试如下按摩法：

（1）将双手食指指腹分别放置在双四白穴，按下，吸气，呼气，还原。重复5～7次。

（2）用双手食指指端有节奏地敲击双四白穴，重复16次。

（3）用双手食指指腹揉双四白穴，按照顺时针、逆时针方向各8次。

◎收缩毛孔，消除大毛孔

对于女性来说，面部肌肤细腻无瑕是美的主要标志，毛孔粗大是很多女性的最大烦恼。为了让毛孔变小，很多女性都会想尽各种办法，但效果甚微。其实，要想消除大毛孔，必先知道其中的原因，然后才能对症下药，找到合适的方法。

一、毛孔粗大的原因

通常，造成毛孔粗大的原因主要有以下几个：

1. 皮脂腺太活跃

青春期女性受荷尔蒙的影响，皮脂腺非常活跃，油脂分泌旺盛。为了方便油脂顺利排出，这些油脂会刺激毛囊皮脂腺的导管，使毛孔变得粗大。

2. 用错误的手法按压皮肤

护理皮肤时，如果使用的方法不正确，也会让毛孔变得粗大。挤痘痘、挤黑头，给予皮肤过度刺激，便会使毛孔变得粗大。

3. 皮肤细胞缺水严重

随着细胞的老化，细胞内的水分自然流失的速度也会逐渐加快。如

第四章
面部保养：掌握呵护皮肤的秘籍

果处在干燥缺水的环境，肌肤缺乏滋润，就会逐渐干瘪，毛孔就会显现出来。这时，即便用保湿喷雾效果也维持不了多长时间。

4. 皮肤松弛老化

随着年龄的增长，皮下组织脂肪层也会变得松弛，弹性渐渐减弱，真皮中的胶原蛋白、弹力蛋白、透明质酸等合成减少，水分流失增加。失去了支撑，皮肤就会逐渐干瘪，毛囊皮脂腺的导管没有了外部压力，自然就会向外扩张、逐渐变大。

5. 涂抹过多造成堵塞

面部涂抹粉底、隔离霜、防晒乳，超过皮肤能承受的量，影响了毛孔的呼吸，代谢物便会失去宣泄的通道。在厚重的保养品下，毛孔为了将皮肤调节到最适状况，反而更让毛孔扩张。同时，涂抹带有刺激性的化妆品和药霜，会加大阻塞程度，毛孔也会越来越大。

二、改善毛孔粗大的方法

毛孔粗大一般分为出油型毛孔粗大、堵塞型毛孔粗大和立毛肌松弛型毛孔粗大。如果毛孔粗大，要先清洁，后紧致。把毛孔里的油污清理干净，然后严格控油、补水、加强代谢、保持毛孔的健康。

为了去除粗大毛孔，可以采用下面的方法：

（1）将香蕉压烂，混合牛奶，涂抹在脸上。20分钟以后，清洗干净，皮肤就会变得细腻光滑。

（2）把姜黄粉末和牛奶混合在一起，搅拌均匀涂抹在脸上，可以减少脸上的汗毛和晒斑。

（3）将鸡蛋的蛋清过滤出来，与蜂蜜搅拌在一起，搅拌均匀后，涂抹在脸上，可以让肌肤变得细腻，并减少皱纹。

（4）将麦片和乳酪、西红柿汁搅拌均匀，涂抹在脸上，20分钟后，用温水清洗，这能使皮肤变得细腻白皙。

（5）将黄瓜榨汁，把黄瓜汁均匀涂抹在脸上，也能收缩毛孔。15分钟以后，用清水洗净即可。

（6）用冰块摩擦肌肤，或直接用黑谜速冻膜来缩毛孔，还能溶解毛孔里面的深层黑头。此外，生活中还要养成良好的饮食习惯，多吃新鲜果蔬，保证足够的维生素。

毛孔粗大，可以使用以下方法改善：

（1）洗脸时，用冷水和温水交替清洗，有利于彻底清洁和收紧毛孔。

（2）洗完脸后，用毛巾包着冰块敷在脸上几分钟，能有效舒缓和收紧毛孔。

（3）洗脸时，加强在鼻子、前额和下巴等处的按摩，将附在脸部及粗大毛孔上的污垢彻底清洁干净，带走多余的油脂，让肌肤恢复正常呼吸。

（4）做好肌肤清洁工作，不要使用清洁能力过强的产品。如果皮肤本身的油脂被清掉，肌肤的自卫机能就会再分泌出更多的油脂，让油腻和痘痘变得更加猖獗。

·第四章·
面部保养：掌握呵护皮肤的秘籍

◎痘痘来了不要慌

青春期长痘痘虽然很普遍，但也暗示着你的肌肤出了问题。痘痘长在脸上确实很难看，很多美女也因此失去了自信。如何才能快速消除脸上的痘痘呢？

一、痘痘出现的原因

面部出现痘痘，原因主要有以下几个：

（1）忽视自身的卫生，会为痘痘提供生长条件。接触了大量的粉尘或在脸部涂抹过厚的化妆品，若不及时有效地将皮肤清洗干净，会造成毛囊孔堵塞，从而出现痘痘。

（2）缺少微量元素是引发痘痘的又一原因。人体内缺锌，会引发雄激素合成酶系统的紊乱，让雄激素分泌失调，影响皮脂腺的正常分泌，从而出现痘痘。

（3）内分泌因素影响着痘痘的发生。体内激素不平衡的状况长久不能改善，就容易出现痘痘。如果皮脂腺特别敏感，月经来潮前后，精神紧张，睡眠不足，就会出现内分泌紊乱，影响皮脂腺的正常分泌，从而出现痘痘。

（4）皮肤毛囊孔的角化出现异常现象，角质层无法正常代谢，也会引发痘痘。正常情况下，人体毛囊孔的角质层会随着机体的新陈代谢而定期脱落，如果毛囊孔的角化异常，角质层无法定期脱落，就会引起毛囊孔堵塞，一旦皮脂在毛囊内淤积，就会形成痘痘。

二、快速去除脸上痘痘

为了消除脸上的痘痘，要从下面几点做起：

（1）饮食宜清淡，多吃新鲜瓜果蔬菜，少吃脂肪、糖分和淀粉含量高的食品；少吃辛辣刺激食物，多喝开水，保持消化良好，大便通畅。

（2）及时清除毛孔污垢，不要让白天接触的粉尘等堵塞毛孔。同时，选择一款可以有效控油、温和的洗面奶，让肌肤保持清爽。长痘时，最好不要使用 BB 霜、粉饼等，因为这些化妆品会堵塞毛孔。

（3）不要乱用护肤品，最好用同一系列的产品。购买护肤品前，要了解自己的肤质，不要盲目购买和使用，以免给肌肤造成负担。选择安全的祛痘产品，能有效打开堵塞的毛孔，促进代谢，调理油脂分泌，平衡肌肤 pH 值，快速杀菌，清洁毛孔，减少痘痘肌肤的不适感。

（4）痘痘的形成多是因为毛囊中囤积的分泌物造成发炎所致，挤压痘痘虽然能在一定程度上祛痘，但更容易将粉刺挤破，破坏皮肤组织，因此挤压痘痘并不是根治痘痘的方法。既不卫生，又伤害肌肤，甚至还会留下痘痕。想要去除痘痘，就要选择科学、安全的祛痘方法。

（5）肌肤的调理不仅依赖于外部的保养，还需要内在的调理。晚上是身体排毒的最佳时间，要保证充足的 8 小时睡眠，11 点前进入睡眠状态。这样，就能用饱满的精神迎接新的一天，还能简简单单地拥有光滑无痘的肌肤。

◎揭秘维生素护肤原理

研发发现，维生素对于皮肤的作用异常强大。那么，不同维生素对皮肤到底有什么作用呢？

1. 维生素A

维生素A能够抗皱、抗衰老、抗痘。通常用于护肤品中的共有四类：维生素A酸、A醇、A醛和A酯。首先，维生素A酸虽然最强大，但刺激性很大，光敏性的特点使它很难用在护肤品中，一般用于药物中。其次，A醇能够有效消除皱纹、去角质。再次，A醛是最接近A酸的一种成分，在抗痘和抗衰老上有很好的功效，在护肤品中很常见，可以抗皱。最后，A酯能透皮吸收，抗角质化，刺激胶原蛋白的生长，有效消除皱纹，促进皮肤更新，保持皮肤活力。

2. B族维生素

B族维生素在化妆品中的作用是美白和保湿。添加在护肤品中的B族维生素，分为维生素B_3和B_5两种。维生素B_3，就是我们常听到的烟酰胺，能够抑制黑色素向蛋白细胞转移，减少色素沉积，还能帮助蛋白质的合成，增强肌肤的含水度。而维生素B_5则是我们常听到的泛醇，一般被用于保湿产品和抗氧化的产品中。

3. 维生素C

维生素C可以抗衰老、美白。一般人们都知道维生素C具有美白作用，

但其实最早维生素 C 被开发出来是用来抗衰老的，有助于胶原蛋白的合成，使用添加了高浓度的维生素 C 的产品，可以减少肌肤的氧化。

4. 维生素 E

维生素 E 可以抗衰老、抗氧化。维生素 E 最显著的特点就是抗衰老，非常稳定和安全，适合敏感肌肤使用，所以在很多医院出品的护肤品中都会添加维生素 E。

5. 维生素 K

维生素 K 的作用是减轻血管型黑眼圈。维生素 K 通常都是指维生素 K_1。因眼周皮肤较薄、血管明显而形成的黑眼圈，更适合使用这类眼霜。同时，将维生素 K 和维生素 A 结合起来，还能紧致眼周肌肤，去除黑眼圈。

◎根据自己的年龄，怎么挑选合适的护肤方法

护肤是女性一辈子都非常重视的工作。肤质不是一成不变的，随着年龄的增长、后天的保养，肤质会产生一定的变化，采用的护肤方法也要有一定的改变。今天就向大家介绍一下，不同年龄阶段该如何护肤。

年龄阶段1：15～20岁

15～20岁，人体内分泌系统重新调整、皮脂腺分泌加强、肌肤油脂增多、毛孔变得粗大、面部出现痤疮。所以，在这个年龄段，洁面是一项很重要的护肤步骤，同时，防晒也是15岁以后的必修课。紫外线、灰尘、污染的空气、电脑辐射等都会对肌肤产生伤害，所以防晒霜和隔离霜必不可少。

每天早晨应该使用具有抗菌作用的洁面产品洗脸，洗完脸后，涂抹一些具有滋润效果的护肤品。每周用一次清洁面膜或有治疗效果的面膜。同时，在室外一定要涂抹防晒霜、打太阳伞。注意早晚要认真洗脸，去除面部污垢，防止细菌滋长。

年龄阶段2：21～30岁

这个年龄段的女性，肌肤的状态已趋于稳定，细腻光洁、富有弹性。

但是，千万不能因为肌肤状态趋于稳定就忽略了对肌肤的呵护。阳光、环境污染、过重的精神负担以及不健康的生活方式都是肌肤的敌人。

在这个年龄阶段里，有个比较关键的年龄——25岁。25岁以后，女性的肌肤即将面临一些重大转折，如开始出现第一条细纹；只要熬一次夜，就会留下黑眼圈，即使补觉也无济于事；出现粉刺后，很难愈合，还会留下痕迹；肌肤会突然从油性变成干性肤质。

这个年龄段的女性需要早、晚各洗一次脸，最好用洗面奶，不要用香皂。用温和、具有保湿功能的洗面奶洁面后，要使用具有保湿效果的护肤品进行护肤工作；定期使用可以温和去除老化角质的磨砂护肤产品，配合适当的按摩，清除面部死皮，一周最多做一次；开始考虑眼部肌肤的护理，卸妆要用专门的清洁乳液，要涂抹眼霜，以防过早出现鱼尾纹。

不要在阳光下暴晒。阳光对肌肤造成的伤害，会在日后逐步显现为雀斑和皱纹；选用含有维生素及防晒因子的日霜，使肌肤免受紫外线、烟雾、粉尘、严寒及其他会使肌肤过早衰老的因素的侵扰。

年龄阶段3：31～45岁

在这个年龄段，肌肤正处于一个转折时期。15岁时表层肌肤的更新周期是两周一次，30岁后更新周期会变成一个多月。该年龄段女性的肌肤表面会积存大量坏死的细胞，使肌肤变得粗糙，表层肌肤每年将增厚1%，肤色发暗，开始出现皱纹，还会伴有色素沉淀的现象。

女性的内分泌和卵巢功能会有所减退，皮脂腺分泌减少，肌肤容易干燥。眼尾开始出现鱼尾纹，下巴肌肉开始松弛，笑纹更明显，情绪容易紧张，眉头还会出现较深的"川"字皱纹。

睡眠，对这个阶段的女性很重要，优质的睡眠和充足的水分是女性美丽的根本。30岁以后的女性应着重预防皱纹的产生，无论是哪种类型的肌肤，每天都要使用保湿类护肤品，保持肌肤的柔润和弹性。

洁面时，最好选用较为温和的洁肤用品，每周做一次面膜。所用的护肤品，不仅要含有维生素A、维生素C、维生素E及防晒因子，还应含有果酸成分，既能保湿，又能去死皮。

过了30岁，要尽量使用具有温和性质的洗面奶进行洁面。洁面后，要使用具有防晒功能的保湿产品做好防晒工作。睡觉前，要用含有丰富营养的晚霜来滋润肌肤。每晚要睡够8小时，用眼霜来减少眼袋和黑眼圈。

年龄阶段4：45岁之后

女性过了45岁，光滑柔嫩的肌肤将很难挽留。要保持好的心态，让45岁的自己更有韵味。心态好，保养有方，肌肤的美丽就会由内而外地自然散发出来。

这一时期，女性开始进入更年期，卵巢功能减退，脑垂体前叶功能一时性亢进，容易让植物神经功能出现紊乱，易于激动或忧郁。肌肤会变得干涩，失去弹性和光泽，嘴边和眼角会形成较深的皱纹。肌肤越发敏感，保湿更加困难，肌肤表面越发凹凸不平，肌肤的自愈功能越来越差。

45岁以后，肌肤如果保养不当，光泽就会很快消退。这时，应使用果酸类护肤品，消除肌肤表面的死皮细胞，促进新生细胞生长。

同时，还要及时补充水分和养料，早晚都要使用防皱、补水或再生类面霜。为了防止眼角和嘴角皱纹的产生，应选用含维生素E的面膜或含胶原蛋白的面膜，并定期做按摩。

45岁后，要让肌肤尽量避开阳光照射。即使用了防晒产品，外出时，依然要戴帽子或头巾。要定期做美容护理，帮助肌肤进行新陈代谢。要使

用含维生素 A 和果酸的保湿产品，改善肌肤品质。

  护肤是女性一生的事业，护肤的方法应该跟随年龄的增长而变化。只有护肤方法随着科技的发展而不断提高，才能让美丽的肌肤伴随自己一生。

·第四章·
面部保养：掌握呵护皮肤的秘籍

◎阳光美人的防晒锦囊

美女一般都会对脸部护理情有独钟，因为脸是很重要且很直观的外表。脸部皮肤很脆弱，不管在什么季节，都容易受到紫外线的伤害。尤其是在夏季的时候，美女们更会担心自己的脸蛋被阳光照射，出门之前都要做好防晒，那么怎样才能保护好脸部不被晒伤呢？

（1）选合适的时间出门。要保护好脸蛋，又必须出门，怎么办？只要记住几个不适合出门的时间就可以了。比如，上午十点到下午两点要减少出门的时间，因为这段时间太阳的紫外线非常强，出门之后，会让脸部直接暴露在太阳下。

（2）做好防备。如果不得不出门，可以找一些物理遮挡物。例如：用太阳帽、遮阳伞、防晒服、墨镜等来保护自己。同时，也不要穿太少。当然，最好选择质量比较好、防晒效果比较好的东西。

（3）合理使用防晒霜。为了防晒，很多女性都会涂抹防晒霜。可是，市面上销售的防晒霜种类很多，怎样进行选择呢？针对不同的肤质，要选择适合自己的防晒霜，选择防晒指数合适的防晒霜。同时，不要等到出门前才涂抹，要提前十分钟左右就涂好。当然，皮肤比较敏感、有炎症的，要尽量少涂防晒霜。

每个人的肤质不同，个人生活方式也不同，但是要做防晒并不是说不晒太阳了，阳光对人体很重要，可以促进体内维生素D的生成，促进钙的吸收，因此在阳光不强烈时可以出去晒晒太阳。

◎ 小心伺候"大姨妈"

在月经期间，身体会出现很多变化，如感到劳累、疼痛等，面部皮肤也会出现一些变化。"大姨妈"和脸部皮肤有着怎样的关系呢？如何应对经期的皮肤呢？

一、经期皮肤变化

经期是女性特殊的生理时期，这一阶段，体内激素会发生改变，皮肤也会变得非常敏感，抵抗力会变得很差。如果再加上熬夜，就更容易出现下列变化：

（1）皮肤油腻，毛细血管扩张，皮肤敏感。

（2）长粉刺、痘痘，毛孔显得很粗大。

（3）毛囊感染，脸部出现红肿的情况。

（4）容易受到日光照射、熬夜等影响，加速色素沉着，尤其是眼睛周围比较明显。

二、经期如何护理皮肤

月经期很多女性朋友都会感到心烦意乱、头晕乏力、小腹疼痛，皮肤的变化更是明显。但是，只要在这个阶段把皮肤护理好，经期结束，气血就会充足，皮肤状态还会更上一层楼。如何做到这一点呢？

1. 保持充足的睡眠

如果皮肤状态很差，又经常熬夜、休息不好，更会破坏皮肤的内在屏障。因此，即使无法保证充足的睡眠，也要有规律，让自己的精神不再困乏。

2. 合理调节饮食

对于火锅、麻辣烫、烧烤等，最好等月经期后再吃。实在忍不住，也要少吃点。每天要喝热水，可以加点红糖红枣之类的改善口味。

3. 清洁皮肤，充分保湿

月经期间皮脂腺会分泌出大量的油脂，脸部细菌、螨虫滋生，会堵塞毛孔，排泄物留在皮肤深处，毛孔就会不畅通，所以一定要注意清洁。比如：木患乳油，比较温和，含有无患子，能将毛孔中的螨虫和灰尘等排泄物吸附出来，乳木果油还能修复皮肤，延缓皮肤老化。

第五章

精巧妆容：提高个人魅力

◎不洁皮肤，不上妆

一、洁面是女性护肤的第一步

皮肤干净，人的精神状态自然就会好起来，后续对于护肤品的吸收也会更充分，所以洁面看似简单普通，其实是至关重要的一步。

1. 冷温水交替洗脸

温水和冷水交替洗脸，既能清洁面部皮肤，还可以使皮肤浅表血管交替扩张、收缩，有利于面部皮肤的保养。正确的洗脸方法是：首先，用温水湿润肌肤，洗去面部浮尘，使毛孔张开，有利于皮肤的深层清洁，增强血液循环；其次，用冷水洗脸，提高皮肤弹性。

用冷热水交替洗脸，对皮肤有益无害，但有些事情也是需要注意的：首先，洗脸水太热，可能引起血管过度扩张，使皮肤松弛、萎缩，造成皮肤缺水紧绷，加速老化。因此，最好用35度的温水洁面。水温和手的温度差不多，洗脸之前，要先用手去试试。其次，要用双手泼水，要将水覆盖到全脸，直到脸上没有滑滑的感觉。

2. 用泡沫洁面，肌肤更嫩滑

用细腻丰富的泡沫直接清洁皮肤，可以减轻对肌肤的刺激，避免过敏，是一种不错的洁面选择。当然，挑选泡沫洁面产品时，不一定泡沫越丰富效果就会越好，关键要看泡沫的品质。高品质的泡沫应该是细腻的、有质感的，泡沫不会在短时间内破裂，同时具有滋养肌肤、保持水分的功效，洗后肌肤嫩滑。

需要注意的是，使用洗脸海绵可以打出丰富的泡沫，让泡沫充分接触皮肤，浮出毛孔中的污垢。洁面海绵一周最多用两次，时间长了，皮肤就会变得更加粗糙。

3. 一边洁面，一边按摩

洁面的过程并不是简单地清除污垢，在洗脸的过程中加上按摩手法，不仅可以去除污垢，还能达到意想不到的效果。沿着淋巴的线路按摩洗脸，能有效防止脸部浮肿，拉紧脸部线条，防止老化。

需要注意的是，洗脸时用力要适度，使用的力气太大，油脂就会被洗去，造成皮肤干燥敏感。同时，按摩手法要由内到外、由下到上。

4. 洗脸次数早晚各一次

脸部看起来油腻，不一定就是油性肌肤，很可能是因为肌肤内部缺水，水油不平衡，引发出油状况。洗脸过度，一天洗三四次，反而会将肌肤的天然保湿膜洗掉，让脸部油脂分泌更旺盛。如果你的肤质属于外油内干，想要达到控油保水的目的，最多早晚清洁两次，还要适时为肌肤补充水分。

需要注意的是，早上起床时，脸部肌肤细嫩有光泽，如果觉得洁面产品刺激肌肤，只用温水洁面即可；如果早上满脸油光，就使用温和控油的洁面产品。

二、洁面注意事项

洁面的时候，有些事情是需要注意的：

1. 洗脸不能只顾脸蛋

洗脸时，要将与之相关的边缘地区清洗到，尤其是两耳，包括耳壳的正反面、头颈的前后，因为这些都是经络穴位较多的部位，应该逐一按摩。对两耳按摩，能促进全身的健康；对头颈按摩，不仅能防治咽喉炎等疾病，还能使面部与颈部整体完美。

2. 水量不能太少

洗脸时，很多人都会使用香皂、洗面奶等，洗脸水中很容易溶有一些碱性物质。而碱会严重侵蚀我们的皮肤，因此洗脸时最少要使用两盆水。第一盆水，用来润湿脸，然后用香皂、洗面奶洗脸，再初步洗去脸上的泡沫等碱性物质；第二盆水，把脸部残留的碱性物质清洗干净。

3. 不要用旧毛巾摩擦

洗脸的主要用具是毛巾，但毛巾纤维容易变硬，会擦伤皮肤，因此要勤换毛巾。同时，洗脸时千万不要大面积乱擦，要采用轻柔的方法，在面部进行"太极式"的局部按摩，具体方法是：自右到左，自下而上，用湿毛巾小面积轻轻按摩1~2遍。如此，就能清除污垢，舒经活血，增强面部肌肉的弹性。

4. 水温不要太高

合适的洗脸水的温度应与体温接近，干性皮肤的女性最好用冷水洗脸，通过冷水对皮肤的刺激，增加皮下脂肪的含量。常年坚持用冷水洗脸，自然就会容光焕发。油性皮肤的女性，最好不要用冷水洗脸，否则会让毛孔收缩，无法洗净堆积于面部的皮脂、尘埃及化妆品残留物等污垢，不但不能达到美容的效果，还容易引起痤疮等皮肤病，影响美容。

·第五章·
精巧妆容：提高个人魅力

◎掌握正确的上妆步骤

化妆，对女性来说非常有必要，无论是上班、出去玩，还是参加宴会。不同的场合都化着合适的妆容，不仅可以增添个人魅力，还可以给别人留下一个好的印象。

一、正确的化妆步骤

新手要化好妆也并不容易，需要在不断的实践中掌握技巧，需要掌握正确的化妆步骤。

步骤1：准备好工具。上妆需要的工具主要有：水、乳液、化妆水、粉底液（BB霜）、腮红、定妆粉、口红、眼线笔、眼影、眉笔、粉扑、眉毛夹、彩妆化妆套刷等。

步骤2：清洁皮肤。在化妆前，首先要清洁脸部肌肤，用温水和洗面奶对脸部皮肤做好清洁。这时，要挑选适合自己的洗面奶。每个人的皮肤状况都不同，选择不当，会伤害到皮肤。清洁过后，如果觉得皮肤干燥，可以敷一张补水面膜再洗净，使肌肤保持滋润，也更容易上妆。

步骤3：基础护肤。清洁好皮肤后，要做好基础的护肤。首先，将护肤水均匀地拍打在肌肤的每个角落；其次，将乳液同样均匀地涂抹在脸上；最后，涂抹一遍化妆水，使皮肤更易上妆。

步骤4：拍粉底液。做好基础护肤后，就开始上妆。首先，取适量的

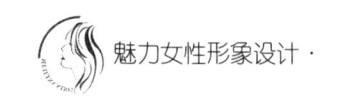

粉底液分别点在额头、脸颊两边、鼻子、下巴五个地方。之后，用手或粉扑均匀地拍散在脸上各处，要特别注意嘴角、鼻翼、额头等容易被忽略的死角。如果脖子的肤色与脸上肤色相差很多，就要在脖颈与锁骨处均匀地拍打粉底液，以免脸上皮肤与脖子皮肤相差太多。

步骤5：打腮红。涂抹完粉底液后，要在脸上打腮红，否则会让整个脸很白，看起来不自然、不精致。具体方法是：用粉扑或粉刷在脸颊苹果肌处轻轻地打上腮红，尽量打得自然，由下向上刷，产生更加立体的效果。如果皮肤容易出油，可以再上一层定妆粉，使妆容更持久。

步骤6：化眼妆。眼妆在整个妆容中至关重要，一个精致的眼妆可以让人看起来更加明媚动人。画眼妆大致需要以下3步：

第一步，在靠近双眼睫毛根处分别画一条流畅纤细的眼线，可根据个人的眼睛形状来画。

第二步，画眉毛，要先画眉尾，要用手轻轻提拉住眉毛上方，保证眉毛线条流畅自然。

第三步，如果睫毛不够长、不够密，要用睫毛膏刷出浓密卷翘的长睫毛。先用睫毛夹把睫毛夹卷翘，再根据情况把睫毛刷卷翘、浓密。最后，可以根据需要，画上卧蚕、眼影，让整个妆容看起来更美丽。

步骤7：涂口红。红唇，能赋予一个人独一无二的风格，让你瞬间光彩照人。化妆的最后一步，就是嘴上的一抹红。涂口红时，嘴唇要保持滋润，否则很容易显现唇纹，影响整个妆容的效果。

二、选择合适的化妆品品牌

要想画出好的妆容，不仅要掌握化妆技术，还要使用合适的化妆品品牌。否则，不仅无法保持妆容的稳固，还会伤了皮肤。这里，给大家推荐

第五章
精巧妆容：提高个人魅力

一款——卡维达的梦幻美肌系列。

卡维达化妆品牌始创于 2014 年，是中国化妆品行业的先进企业，凭借超高的产品质量，早已受到广大女性朋友的喜爱。其产品被注入了灵魂，不论是产品本身还是情感卖点，都独具特点。

在跨界营销上，卡维达进行了更多尝试：不仅联合自媒体人在微博、短视频、小红书等平台进行年轻化互动，还在多个国外的交际平台（facebook、instagram 等）收获了大量粉丝，深受外国友人的喜爱。

卡维达以高品质战略为核心，紧跟千禧一代个性化、多元化、体验式趋势，自主研发出了梦幻美肌系列、护肤品系列、唇彩系列等创新单品，突出了品牌"焕新"的亮点，推动了中国彩妆业供给结构的升级。

梦幻美肌系列是卡维达的最新发布，采用"婴儿肌"的灵感来源，打造出了卡维达梦幻美肌妆前乳、卡维达梦幻美肌粉底液、卡维达梦幻美肌定妆粉、卡维达梦幻美肌十色眼影、卡维达梦幻美肌气垫 CC 霜、卡维达梦幻美肌卸妆膏等 10 大品类。其中，卡维达梦幻美肌妆前乳的创新"幻变爆水科技"，让粉色凝露在轻触瞬间幻化成水感，尽享顺滑、滋润的涂抹体验，成了梦幻美肌系列创新突破的第一步。

◎巧妙使用化妆棉

一、化妆棉种类

要想使用好化妆棉,就要知道化妆棉的具体分类。

(1)纯棉材质的。这种材质的化妆棉一般都比较厚、吸水性强、柔软,但比较费化妆水。

(2)无纺布材质的。这种材质的化妆棉轻薄、省化妆水,缺点在于:摩擦力大,不柔软,不太适合敏感肌。

(3)混合材料的。这种材质的化妆棉里层是纯棉,外层是无纺布或其他材料,兼顾了上面两种化妆棉的优点,省化妆水、柔软,但单价最高。

如今市面上的化妆棉基本上就是这三大类,具体使用哪类,就要根据自己的经济情况、肤质等来决定了。

二、不同化妆棉的使用

不同的情况,需要使用不同的化妆棉,具体情况是:

1. 湿敷的时候

湿敷的时候,可以使用无纺布类型化妆棉或无压边棉质化妆棉。

2. 卸妆的时候

卸妆的时候需要反复擦拭，为了减少化妆棉给皮肤带来的伤害，如果经济允许，可以使用纯棉的化妆棉或混合材料化妆棉。

3. 擦乳液的时候

擦乳液，最好使用比较厚实的纯棉化妆棉或混合材质的化妆棉。通常，比较厚重油腻的乳液，用护肤棉擦，会产生意想不到的效果。

4. 拍爽肤水或做二次清洁时

如果皮肤敏感，要采用手拍的方式上爽肤水。如果要用护肤棉，可以使用混合材料化妆棉，且采用按压的方式。同理，做二次清洁时，可以使用无纺布型化妆棉或混合型化妆棉。如果皮肤比较敏感，最好就不要做二次清洁了。

◎腮红上妆经典六式

如果说，眼妆是脸部彩妆的焦点，口红是化妆包里不可或缺的要件，那么腮红就是修饰脸型、美化肤色的最佳工具。如何进行腮红上妆呢？只要掌握了下面的经典六式，就能画出满意的腮红。

1. 双色腮红

红色腮红结合了扇形腮红和斜长腮红的双重画法，具体方法是：先在两颊刷上深色的扇形腮红，再在扇形的上方重叠刷上浅色的斜长腮红。如此，不仅能修饰大圆脸，还可以增添气色。

2. 扇形腮红

这款腮红的面积较大，不仅能修饰脸型，也能烘托出好气色。具体的位置是太阳穴、笑肌、耳朵下方三者构成的扇形，从颊侧向两颊中央上色，让最深的腮红颜色落在颊侧位置，达到修饰脸型的目的。

3. 晒伤腮红

想要出去度假，就可以尝试这款充满阳光感的腮红画法。具体方法是：挑选带有亮泽感的金棕色腮红，淡淡地打在鼻翼两侧的位置。如果想让妆效显得更立体，可以从鼻峰推往两颊上色，让腮红横跨整个脸部的中央。

4. 圆形腮红

这是最常见也最简单的腮红画法，妆效比较甜美可爱。只要对着镜子微笑，在两颊凸起的笑肌位置，用画圆的方式刷上腮红即可。需要注意的是，色彩最好选用娇嫩的粉红色或温暖的蜜桃色、粉橘色。同时，这款腮红带点孩子气，不适合熟女。

5. 颊侧腮红

如果觉得自己的脸型太圆润，可以试着用这种腮红画法来修饰，让脸蛋看起来较瘦长。具体方法是：选择较深色的腮红，如砖红色、深褐色，刷在脸颊外围，即耳际到颊骨的位置，范围可以稍微向内延伸到颧骨下方，让脸型看起来更立体。

6. 斜长腮红

这款腮红又称为飞霞妆，涂上之后，两颊就像被晚霞晕染一样。腮红的具体画法是：从颧骨下方向太阳穴位置上色，腮红的颜色可以挑选紫红色或玫瑰色。如果脸型瘦长，想让脸蛋看起来丰润一点，也可运用这款腮红技巧，只要将腮红的范围扩大，直接延伸到耳际，并使用粉红色或蜜桃色上色就可以了。

◎遮掩瑕疵的绝妙技巧

遮掩面部瑕疵的方法主要有这样几个类别：

1. 遮盖雀斑

遮盖雀斑需要准备的工具：遮瑕笔、修饰乳。

具体方法是：如果只有几颗雀斑，上完粉底后，可以用遮瑕笔在斑点上点上几点，之后用海绵轻轻按压，让遮瑕产品更加服帖，把瑕疵遮盖住。如果雀斑数量很多，就不能够只靠遮瑕笔来处理了，需要使用修饰乳来修饰脸部问题。

化妆前，用妆前乳对全脸的肤色和瑕疵进行修护。通常，白色的修饰乳适合白皙的人，能提亮肤色，让肌肤变得明净；如果肤色偏黄，且有暗沉，使用紫色底妆，可以让肌肤呈现健康的一面；如果皮肤偏红，可以使用绿色的修饰产品。

需要注意的是，比肌肤更加明亮的粉底色，会让雀斑变得更加明显，因此最好不要使用这种颜色。

2. 遮盖痘痘

遮盖痘痘需要准备的工具：遮瑕笔。

如果是刚冒出的痘痘，可以使用遮瑕笔进行轻点，只要用手指把点出的遮瑕品均匀推开即可。需要注意的是，遮瑕不用太厚重，正好覆盖住痘

第五章
精巧妆容：提高个人魅力

痘即可。而比较肿的痘痘，要想达到最好的遮瑕效果，最好使用偏绿色的遮瑕产品。

需要注意的是：有痘痘化脓时，不要涂遮瑕产品，否则不但不能达到最佳的遮瑕效果，还容易造成细菌的感染。

3. 遮盖细纹

遮盖细纹需要准备的工具：遮瑕笔。

使用带有高光效果的遮瑕笔，可以更好地改善法令纹等阴影处，因为光线的折射会淡化细纹。

需要注意的是：画时手法要轻，不能太重；对于细纹，可以强调眼线，忽略细纹的存在；不能只画上眼线，也要描画下眼线，只描画出从眼尾开始的三分之一即可；不要在细纹上涂上厚厚的粉底，否则会让皱纹更显眼。

4. 遮盖黑眼圈

遮盖黑眼圈需要准备的工具：遮瑕膏。

对于黑眼圈，一般都是使用偏橘色的遮瑕膏，将遮瑕膏点在黑眼圈上，再用无名指轻轻地推向四周。眼角和眼尾两个位置不能忽略，因为那是黑眼圈最严重的地方。为了提升眼睛的亮度，可以稍微扫上一些带亮粉的蜜粉，但不能扫太多，以免造成眼睛浮肿。

需要注意的是：选用的遮瑕品颜色要偏白，黑眼圈的遮盖才能更加明显；尽量少用偏干或太厚重的遮瑕产品，否则容易催生眼纹。

◎如何用粉底修正脸型

世界上没有两片叶子是相同的，同样，人的相貌也是如此，即使是双胞胎也有不同之处。虽然人的头部构造相同，相貌却千差万别，因为头骨是由许多不规则的骨骼构成，每个人的骨骼大小形状不一，每块骨骼上还附着着不同厚度的肌肉、脂肪和皮肤，形成了不同的转折、凹凸和弧面，于是就有了不同的脸型和相貌。通常，可以归纳为六种脸型：蛋形脸、圆形脸、方形脸、长形脸、三角形脸、菱形脸。

化妆的主要功能是修饰面部，使之协调美观。修饰脸型是从整体出发，修饰五官是局部刻画。画一个完美妆面如同完成一幅绘画作品，需要经过一个从整体到局部、从局部到整体的过程，了解了骨骼和肌肉的构造，在面部轮廓和五官上进行修饰，就能收到事半功倍的效果。

1. 蛋形脸的修正

如今，世界各国都认为"瓜子脸""鹅蛋脸"是最美的脸型，从脸型的美学标准来看，面部长度与宽度的比例为 1.618 ∶ 1，这也符合黄金分割比例。

标准脸型给人以视觉美感，"三庭""五眼"是五官与脸型相搭配的美学标准：所谓"三庭"就是将人的面部长度分为三等分，外鼻长度正好是其中的 1/3；而"五眼"是把人的面部宽度分为五等分，眼睛的宽度正好是其中的 1/5。

现实中，完全符合美学标准的脸型比较少，多数人的脸型都存在一定的缺陷，修饰其他脸型的时候，均以蛋形脸为标准，在保留自身个性美的基础上向其靠拢，起到修饰矫正作用。

2. 圆形脸的修正

这种脸型的特点是：面颊圆润，面部骨骼转折平缓无棱角，脸的长度与宽度的比例小于 4∶3，显得珠圆玉润、亲切可爱；缺点是会给人肥胖或缺少威严的感觉。

具体的修饰方法为：

（1）脸型修饰。用暗影色在两颊及下颌角等部位晕染，削弱脸的宽度，用高光色在额骨、眉骨、鼻骨、颧骨上缘和下颏等部位提亮，加长脸的长度，增强脸部的立体感。

（2）眉的修饰。将眉头压低，眉尾略扬，画出眉峰，使眉毛挑起上扬而有棱角，消除脸的圆润感。

（3）眼部修饰。在外眼角处，加宽加长眼线，使眼形拉长。

（4）鼻部修饰。拉长鼻形，将高光色从额骨延长到鼻尖，必要时可以加鼻影，由眉头延长到鼻尖两侧，增强鼻部的立体感。

（5）腮红。由颧骨向内斜下方晕染，让颧弓下陷，增强面部的立体感。

（6）唇部修饰。强调唇峰，画出棱角，下唇底部平直，削弱面部的圆润感。

3. 长形脸的修正

这种脸型的特点是：三庭太长，两颊消瘦，脸的长度与宽度的比例大于 4∶3，缺少生气，给人以沉着、冷静和成熟感。

具体的修饰方法为：

（1）脸型修饰。用高光色提亮眉骨、颧骨上方，将鼻上高光色加宽但不延长，增强面部立体感。暗影色用于额头发际线下和下颏处，衔接自然，可以在视觉上使脸型缩短一些。

（2）眉的修饰。修掉高挑的眉峰，使眉毛平直，不能过细，拉长眉尾，可以拉宽和缩短脸型。

（3）眼部修饰。加深眼窝，眼影向外眼角晕染，拉长加宽眼线，使眼部妆面立体，眼睛大而有神，忽略脸部长度。

（4）鼻部修饰。用高光色把鼻梁加宽，面积宽而短，收敛鼻子长度，不要加鼻影。

（5）腮红。横向晕染，由鬓角向内横扫在颧骨最高点，用横向面积消除掉脸型的长度感。

（6）唇部修饰。唇形要圆润而饱满。

4. 方形脸的修正

这种脸型的特点是：额角与下颌角较方，转折明显，显得正直刚毅坚强；缺点是不柔和，有些男性化。

具体的修饰方法为：

（1）脸型修饰。用高光色提亮额中部、颧骨上方、鼻骨和下颏，突出面部中间部分，忽略脸型特征。暗影色用于额角、下颌角两侧，使面部看起来圆润柔和。也能借助刘海和发带遮盖额头棱角。

（2）眉的修饰。修掉眉峰棱角，使眉毛线条柔和圆润，呈拱形，不要拉长眉尾。

（3）眼部修饰。眼线要圆滑流畅，拉长眼尾并微微上挑，增强眼部的妩媚感。

第五章
精巧妆容：提高个人魅力

（4）腮红。颧弓下陷处使用暗色腮红，颧骨上用淡色腮红，斜向晕染，过渡处要衔接自然，使面部有收缩感。

（5）唇部修饰。强调唇形圆润感，可以用粉底盖住唇峰，重新勾画。

5. 菱形脸的修正

这种脸型的特点是：额头较窄，颧骨突出，下颏窄而尖，较难选择发型，容易给人留下缺少亲和力、尖锐、敏感的印象。具体修饰方法如下：

（1）脸型修饰。用阴影色修饰高颧骨和尖下巴，削弱颧骨的高度和下巴的凌厉感，将两额角和下颌两侧提亮，使脸型显得圆润一些。

（2）眉的修饰。适合圆润的拱形眉，消除脸上的多处棱角。

（3）眼部修饰。眼影要向外晕染，拓宽颞窝处宽度，眼线也要适当拉长上挑。

（4）鼻部修饰。加宽鼻梁处高光色，使鼻梁显得挺直一些。

（5）腮红。腮红要自然清淡，不要突出，可以省略。

（6）唇部修饰。唇形要圆润一些，不能有棱角，可以使用鲜艳唇色，分散人们对不完美脸型的关注。

6. 三角形脸的修正

这种脸型又分为三角型脸和倒三角形脸。

（1）正三角形脸。这种脸型的特点是：额部窄，下颌较宽大，显得很富态，柔和平缓。具体修饰方法如下：

①脸型修饰。化妆前开发际，除掉一些发际边缘的毛发，使额头变宽，用高光色提亮额头眉骨、颧骨上方、太阳穴、鼻梁等处，使脸的上半部显得明亮、突出、有立体感。用暗影色修饰两腮和下颌骨处，收缩脸下半部的体积感。

②眉的修饰。使眉距变宽，不要挑眉，眉形要平缓拉长。

③眼部修饰。眼影向外眼角晕染,将眼线拉长,略上挑,使眼部妆面突出。

④鼻部修饰。鼻根不要太窄。

⑤腮红。由鬓角向鼻翼方向斜扫。

⑥唇部修饰。口红颜色要淡雅自然,在视觉上忽略脸的下半部。

(2)倒三角形脸。这种脸型的特点是:额头较宽,下颌较窄,下颏尖,比较好看,但会给人以病态美和感觉。修饰方法如下:

①脸型修饰。用高光色提亮脸颊两侧,使两颊看起来丰满一些,用暗影色晕染额角和颧骨两侧,使脸的上半部收缩一些,粉底要自然过渡。

②眉的修饰。眉形圆润微挑,不要棱角,眉峰在眉毛 2/3 向外一点。

③眼部修饰。眼影晕染重点在内眼角上,不要拉长眼线。

④腮红。用淡色腮红横向晕染,增强脸部的丰润感。

⑤唇部修饰。嘴唇要圆润饱满。

・第五章・
精巧妆容：提高个人魅力

◎化妆跟着脸型走

不同的脸型配合不同的妆容，具体如下：

1. 椭圆形脸的化妆

椭圆脸是公认的理想脸型，化妆时要保持其自然形状，突出其可爱之处，不用通过化妆去改变脸型。

（1）胭脂。要涂在颊部颧骨的最高处，再向上、向外揉化开去。

（2）唇膏。除了嘴唇唇形有缺陷外，尽量按自然唇形涂抹。

（3）眉毛。可以顺着眼睛的轮廓修成弧形，眉头应与内眼角齐，眉尾可以稍微长于外眼角。

需要注意的是，椭圆形脸不用太多修饰，化妆时一定要找出脸部最动人、最美丽的部位，使之突出。

2. 长形脸的化妆

长形脸的人，在化妆时要达到的效果是：增加面部宽度。

（1）胭脂。要离鼻子稍远些，在视觉上拉宽面部。涂抹时，可以沿着颧骨的最高处与太阳穴下方所构成的曲线部位，向外、向上抹开。

（2）粉底。双颊下陷或额部窄小，要在双颊和额部涂上浅色调的粉底，造成光影，使之显得丰满一些。

（3）眉毛。修正时，要让其成弧形，不要显得有棱有角。眉毛的位置

不要太高，眉尾不要高翘。

3. 圆形脸的化妆

圆形脸给人以可爱、玲珑之感，可将其修正为椭圆形，比较容易。

（1）胭脂。可以从颧骨开始，涂到下颚部，但不能简单地将颧骨突出部位涂成圆形。

（2）唇膏。可以将上嘴唇涂成浅浅的弓形，不能涂成圆形的小嘴状，否则会产生圆上加圆的感觉。

（3）粉底。可以在两颊造成阴影，使圆脸显得稍瘦一点。选用暗色调粉底，沿额头靠近发际处起向下窄窄地涂抹，颧骨下部可以加宽涂抹面积。

（4）眉毛。可以修成自然的弧形，也可以少许弯曲，不能太平直，不能有棱角，但也不能太弯曲。

4. 方形脸的化妆

方形脸最突出的特点是双颊骨高，因此化妆时，要设法做好掩蔽，增加柔和感。

（1）胭脂。要与眼部平行涂抹，不要涂在颧骨最突出处，可以抹在颧骨稍下处并向外揉开。

（2）粉底。可以用暗色调在颧骨最宽处造成阴影，减弱方正感。下颚部要用大面积的暗色调粉底造阴影，改变面部轮廓。

（3）唇膏。可以涂得丰满一些，提高柔和感。

（4）眉毛。要修得稍宽一些，眉形可以稍带弯曲，不能有棱角。

5. 三角形脸的化妆

三角形脸的特点是：额部较窄，两腮较阔，整个脸部上小下宽。化妆时，要将下部宽角"削"去，把脸形变为椭圆状。

第五章
精巧妆容：提高个人魅力

（1）胭脂。可以由外眼角处起始，向下抹涂，让脸部上半部分拉宽一些。

（2）粉底。可以用深色调的粉底在两腮部位涂抹、掩饰。

（3）眉毛。要保持自然状态，不能太平直，更不能太弯曲。

6. 倒三角形脸的化妆

倒三角形脸的特点是：额部较宽大，两腮较窄小，上阔下窄，也就是人们常说的"瓜子脸""心形脸"。

（1）胭脂。要涂在颧骨最突出处，向上、向外揉开。

（2）粉底。可以用深色调粉底涂在过宽的额头两侧，将浅粉底涂抹在两腮和下巴处，掩饰上部，突出下部。

（3）唇膏。采用稍亮的唇膏，加强柔和感，唇形要稍微宽厚一些。

（4）眉毛。要顺着眼部轮廓修成自然的眉形，眉尾不能上翘。要从眉心到眉尾逐渐由深变浅地描。

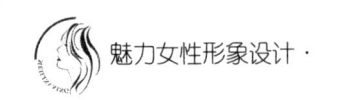

◎下巴俏丽的新法则

要想让下巴变得俏丽，针对不同的下巴，可以采用不同的方法：

1. 肉下巴的修正

充满赘肉的下巴，通常来自肥胖造成的脂肪堆积或肌肉松驰，化妆时，要在下颌轮廓线上涂抹暗色粉，同时将阴影色顺下颚一直延伸到颈部和喉部。

2. 翘下巴的修正

这种下巴，从侧面看，下巴和眉心不在同一垂直线上，而在垂直线前。翘下巴会让整个脸部线条侧面看起来有点像弯弯的月牙儿，显得不够端庄，修饰的要点是：用暗色粉淡化下巴翘起的部分，将深色粉底或胭脂抹涂在下巴尖端翘起处，将阴影色一直延伸到下颚，掩饰住翘下巴，使脸庞显得大方有神。

3. 宽下巴的修正

宽下巴，虽然会让人觉得温和稳重，但也会显得拘谨和笨拙。重塑下巴的关键是修饰宽展的面颊。施妆时，要用暗色粉渲染两腮、下凳两边、下颚及颈部上端，修整脸型的视觉效果；下凳正中，要抹上少许浅粉色或白色粉底，两色之间要自然融合，不露妆痕。如此，宽圆的脸蛋就会显得清秀俏丽许多。

第五章
精巧妆容：提高个人魅力

4. 长下巴的修正

下巴修长，会让人显得优雅而灵秀，但下巴太长，也会给人以冷傲、矜持、不亲和的感觉。要想改善，可以采用下面的方法：从下颚和下巴最下处开始扫抹深色粉底或胭脂，由下而上着色渐淡；同时，将同色粉抹在紧贴下唇的下凳处，制造唇影，缩短下巴，加强唇部的立体感。要想使脸廓显得自然温润甜美，上粉时要抹匀，且与肤色柔和相融。

5. 短下巴的修正

下巴太短，会让整张脸比例失调，即使五官出彩，也无法挽救这种缺憾。要想改善，可以采用这种方法：将整个下巴涂上较肤色浅的亮光粉底，如果下巴短而凹，涂浅色粉底时，要越往下颜色越浅。涂完粉底后，可以根据具体情况点一些亮粉，提亮下巴。浅色和亮色具有扩张的效果，可以让下巴看起来比实际长一些。如果有必要，还可以在两腮、两颊两侧施点暗色粉，与下巴处的浅亮粉底自然过渡，不要留下衔接的痕迹。

◎炎炎夏季化妆必知

夏季化妆应该注意些什么呢？

1. 眼线不晕染

画眼线前，在画眼线的部位先上一道蜜粉，让蜜粉吸走上面多余的油脂；然后，用眼线笔画完眼线，在眼线上加一层眼影粉。

2. 让蜜粉更持久

蜜粉虽然是用来定妆的，但时间长了，也会脱妆，所以使用蜜粉之前，可以先用粉扑蘸取适量蜜粉在脸上拍匀，再用蜜粉刷快速地扫过全脸。

3. 口红不掉色

首先，选用不易脱色的口红；其次，画口红时，先用唇线笔画出唇形，涂上唇膏，然后将它慢慢抿掉；最后，扑一层蜜粉，再上一层唇膏；最后，用口红涂抹。

4. 香水

夏季容易出汗，出完汗后身体味道很难闻，因此可以适当使用一些香水。香水一般擦在手腕、耳朵后面的动脉等位置，让跳动的脉搏带动香味，随着体温慢慢散发。

5. 眼影不掉色

如果想使眼影持久不晕染，要试着先在眼皮上打上粉底。画眼影时，先把眼影刷或眼影棒打湿，再用纸巾把上面附着的水分吸收掉，用眼影刷或眼影棒在半干半湿时蘸取眼影，用按压的方式上妆。

6. 轻松去油光

脸上泛油光，不要立刻使用粉饼或蜜粉补妆。打完粉底后，可以尝试着将洁肤水或矿泉水在距离面部 30 厘米处喷洒在脸部，然后用纸巾轻轻吸收干净，既可以去除油光，还能给肌肤补充水分，使肌肤呼吸更顺畅。

7. 底妆薄一些

夏季温度较高，皮肤会分泌出较多的油脂，不能涂抹太多的日霜，否则毛孔会更加扩张，让油脂和粉底混合进入毛孔。因此，化妆前要选择亲水性好的底妆，使皮肤与化妆品分隔开，保证肌肤健康，也能使妆容更持久。

8. 粉底不能浮粉

粉底一般分为油质的、亲水性、干湿两用的。夏天，尽量不要使用油质的粉底，否则会给人厚重的感觉，还会造成毛孔堵塞，引发一些肌肤问题。最好选用亲水性和干湿两用粉底，将粉底和定妆过程合二为一，不仅节省时间，而且不易脱妆。

◎六类场合化妆要点

不同的场合，妆容也是有变化的。

1. 生活彩妆

生活彩妆的方法如下：

步骤1：用黑色眼线笔把上眼线和下眼线描上一遍，包括内眼角处。

步骤2：在眼睑处扫上深色眼影粉，延长到外眼角的1/4处。

步骤3：用干净的眼影刷将眼影晕染，然后再刷上两层睫毛膏，最后把下睫毛刷一下。

在生活淡妆的基础上，添加更强的色彩，会让整个妆面很精致；搭配各色眼影，能让双眼显得更有神、更动人。

2. 办公室妆

在办公室把妆容画得过猛，不仅会让老板怀疑你的心思，还会引起同事的排挤。所以，漂亮、亲和又知性的妆容最适合。

首先，选择腮红和唇膏的时候，要选低调又温暖的珊瑚色。眼影，要选择带有一点珠光的大地色，大面积涂抹在眼窝，不仅可以让眼部轮廓显得更深邃，还能让双眼皮看起来更明显，睫毛也更清晰。

其次，用指腹微微抬起眼皮，用眼线液贴着睫毛根部在下方把间隙都填满，描绘出一条不明显的眼线，让眼睛立即变得有神起来。

最后，刷上一层睫毛膏。

3. 年会妆

为了答谢员工的辛勤工作，很多公司都会召开公司年会派对，这种派对一定要参加。因为这样的公司年会，不仅有助于加深姐妹间的情谊，如果是单身，还能增加不少桃花运。因此，为了给他人留下好的印象，就要打造好的年会妆容。

步骤1：用黑色眼线笔勾勒出上眼线，从眼睛中间到外眼角处。

步骤2：对着镜子贴上喜欢的假睫毛，把多余的假睫毛剪掉，等20秒，直到胶水干为止。

步骤3：在假睫毛上涂上纤长睫毛膏，制造出卷曲而性感的睫毛，在下睫毛上，只要垂直刷一下即可，让睫毛看起来根根分明。

4. 鸡尾酒会妆

鸡尾酒会是一种比较自由轻松的酒会，赴会者在衣着方面不用讲究太多，妆容可以夸张一些。比如：鹰式的眼线可以让你的眼部产生上抬的效果；在眼窝处涂上深色眼影，晕染开来，就能形成性感的烟熏妆。

烟熏妆突破了眼线和眼影泾渭分明的老规矩，在眼窝处漫成一片；看不到色彩间相接的痕迹，如同烟雾弥漫，以黑灰色为主色调，看起来像炭火熏烤过的痕迹。

5. 新年派对妆

新年派对上，一般都会跟认识的朋友聚在一起，非常随意，可以选择一些比较夸张的彩妆，但重点不在眼睛上，而在双唇上。选择一款哑光红色唇妆搭配黑色眼线，会让你更出彩。

步骤1：先用湿毛巾除去唇部的干燥感，再用磨砂膏轻轻去除唇部的死皮，擦上一层透明唇膏。

步骤 2：用遮瑕膏覆盖住唇部的颜色，在下唇涂上唇膏，来回多涂几次；再用上唇紧紧地按压下嘴唇，用指尖将唇色晕染均匀。

步骤 3：用黑色眼线液勾勒出上眼线和下眼线，涂上几层纤长睫毛膏。

6. 伪素颜妆容

这种妆容比较适合周末和老公待在家，或和闺蜜一起喝下午茶时，多数情况下，只要不化眼影、眼线、睫毛膏和大红唇，基本上别人都会觉得你的妆很淡。

这种妆容的重点有两个：

（1）省去眼影、眼线和睫毛膏等部分，在靠近睫毛根部的位置，点上比肤色稍深一点的粉底液，然后用中指指腹将粉底液晕染开，打造出看似没有化妆又美丽有神的眼妆。

（2）先找出从内眼角垂直向下的线与经过鼻尖的水平线交叉的点，使用橘色或珊瑚色腮红，将腮红涂抹在交叉点上并朝着太阳穴方向，在横向椭圆形里以"之"字形涂抹，使皮肤隐约泛着红润；然后，在眼球中心垂直向下的线与经过鼻尖的水平线交叉的点，用无珠光感的深粉色腮红，在苹果肌的最高点处打着圈进行涂抹。

第六章

手部护理：用白嫩的手来添彩

◎不能忽视了护手霜

很多女性朋友都知道脸部保养的重要性，却往往忽视了自己的手部护理。要知道，手是自己的第二张面孔，也代表着个人形象。

有些女性虽然也喜欢修长又嫩白的五指，但并不是天生就拥有这种条件，再加上平时不注重护理，只能望洋兴叹。如何保护自己的双手呢？一个重要方法就是，将护手霜巧妙利用起来。

护手霜是手部护理的基本保养品，能够让我们的双手保持湿润。尤其是到了秋冬季节，天气比较干燥，皮肤也会严重缺水，手就会因为缺水而变得干燥、不舒服，继而出现脱皮现象。而护手霜的一项基本的作用就是为手上的肌肤补充水分，让皮肤保持水润的状态。

一、涂护手霜的好处

护手霜是秋冬季节必备的手部护理产品，方便随身携带，只要手部感到不适，就能立刻涂抹。那么，使用护手霜究竟有哪些好处？

1. 让双手光滑细嫩

护手霜中含多种营养成分，包括保湿剂、维他命、胶原蛋白等，对皮肤有着很好的美容效果，长期使用护手霜，能够使我们的双手变得更加光滑和细嫩，更显年轻。

2. 保湿滋润双手

护手霜的基本作用就是保湿滋润，其含有多种保湿剂、油脂、维他命等，能够快速为手部肌肤补充水分，并缓解肌肤的干燥；同时，还能在肌肤表面形成一层锁水膜，帮助肌肤更好地守锁水分，达到长效保湿滋润的效果。

3. 去除手部角质

经常干粗活重活的人，手部角质一般都比较厚，不定期去除手部角质，双手就会产生大量的死皮，变得更加粗糙。护手霜中含有果酸、水杨酸等成分，具有很好的去角质作用，坚持使用，就能去除手部角质，并解决因角质厚而带来的老茧、倒刺、死皮等问题。

4. 预防手部干燥粗糙

护手霜具有保湿滋润的效果，但皮肤不干，也需要使用护手霜。手部皮肤和脸部皮肤一样，也需要保养；而且，手部皮肤每天要接触很多东西，不提前保养，一旦问题真正暴露出来，时间就晚了。涂抹护手霜就是提前保养，能预防手部的干燥、粗糙、皱纹等一系列皮肤问题。

5. 修复受损皮肤

手部皮肤常年暴露在外，会接触到各种各样的物品。比如：洗洁精、洗衣粉等，这些物品都会对皮肤造成刺激，长期接触会令皮肤变得干燥、粗糙，甚至长出皱纹。修复型护手霜中内含胶原蛋白、大豆蛋白等营养成分，能够修复受损皮肤，起到祛皱抗衰的作用。长期使用，双手就能变得更加年轻。

二、何时使用护手霜

护手霜的作用不可取代，那么何时需要使用到护手霜呢？

1. 晚上睡觉前

晚上睡前是比较好的保养时机，一定要记得涂抹护手霜。如此，护肤成分在睡觉时可以更好地吸收进去，手也会变得更加白皙粉嫩，摸上去滑溜溜的。

2. 手部干裂时

在天气转凉时，走在大街上，寒冷的大风迎面而来，除了面部，手部的肌肤也会越来越缺水，很多皮肤都会出现干裂的现象，此时就要涂抹护手霜，及时补充肌肤水分，让营养成分深入细胞底层，令双手重新焕发出迷人光彩。

3. 外出约会前

女生外出约会时，通常都会精心打扮一下，除了面部化妆外，双手也要进行一番美化。涂抹护手霜，就能让双手更加细嫩，给对方留下美好的印象。俗话说，双手是女性的第二张脸，因此在约会之前一定要涂抹适量护手霜。

4. 随身携带

双手清洗比较频繁，护手霜要随身携带。洗完手后，一旦手上的皮肤变干了，就要及时搽上护手霜，将自己的双手保护起来。当然，还要定期做深层保养，定期使用磨砂膏给手部肌肤去一次死皮，然后敷上手膜，给它补充营养。

第六章
手部护理：用白嫩的手来添彩

◎冷天出门，不要忘了戴手套

手是女性的第二张脸，冬天容易长冻疮的美女一定要记得戴一双手套来呵护手部。选择一双好的手套，不仅具有御寒保暖的效果，更是一件配饰，能很好地点缀你的穿搭。同时，戴上一双手套，会增加你的优雅感。

一、认识不同的手套

要想将手套的作用发挥到极致，就要了解不同手套的材质和作用。这里，概括如下：

1. 毛线手套

这种手套是最常买的，适合的年龄群也大，也适合小女生戴。戴这种手套，双手会更加灵活。当然，选择毛线手套时，一定要选择带有特色元素的，这样看上去会更加洋气。

2. 缎面手套

缎面材质的手套，是专门为女性设计。带上这种手套，就会变得比较有女人味。想走优雅路线的女性，可以尝试一下这种风格的手套，一定能提高个人气质。在冬天时，戴这种手套，看上去也会有一种贵气的感觉，复古感十足。

3. 皮质手套

冬天时，年龄比较大一点的女性，可以选择皮质手套。戴上皮质手套，会让你看上去更加成熟。这种手套上基本没什么太花哨的装饰，看上去干脆利落，适合职场女性戴，搭配上得体的大衣或西装，更会显得有范儿。这种材质的手套还有一个优点就是不容易弄脏。皮材质也会沾灰，但是沾了灰后容易弄干净。如果想给自己减少麻烦，可以戴这种材质的手套。

二、选择适合自己的手套

冬天出门戴手套，既保暖，还能保护皮肤。可是，要想让自己戴起来舒服，就要选择适合自己的。那么，如何选购手套？

（1）选购大小尺码适合的。手套太大，达不到保暖效果，手指还会活动不便；手套太小，手部血液循环就会受阻，容易引起不适。

（2）多汗的人戴手套。如果冬天手部皮肤青紫，自觉湿冷，但手掌又易出汗，选购手套时，要选择既保暖又具有良好吸水性的棉织制品手套。

（3）骑车手套的选择。冬天骑自行车外出，就不要购买人造革、尼龙或过厚的手套。因为冬季人造革易发硬，影响手的弯曲；尼龙太滑，磨擦力小，骑车时容易滑手；材料过厚，手指活动就会不方便……这些都不利于骑车安全。

（4）在具体挑选手套时，做到"三看"：①看手套是否平整服帖，手指是否圆正，两只大小是否一致，是否左右成对。②看缝线是否整齐，距离是否均匀，边条缝线处是否有跳线、漏针等现象。③看面料颜色是否基本一致，皮面是否有破洞和裂痕。

·第六章·
手部护理：用白嫩的手来添彩

◎洗碗时，不要忘了带胶手套

每次吃完饭，看着餐桌上残留下来的碗筷，很多美女都会感到头痛。洗洁精接触时间长了，不仅对碗筷有伤害，还会对自己的手部肌肤造成较大的影响。

油腻的碗筷，看着就不想触碰，其实只要戴一副厨房手套，效果就会好很多。如此，不仅少了直接和洗洁精油渍接触的机会，还能保护双手的安全，是美女们洗碗的一大实用神器。

1. 手套的薄厚

挑选厨房手套时，首先要注意它的薄厚程度。通常，不同的薄厚款式在不同时间段有着较大的影响。

（1）薄款厨房手套。接触碗筷时，感知更加强烈，如同手上只增添了一张薄膜，不会对自己的手部活动带来多大的影响。在炎热的天气，戴这种手套还行；但到了寒冷的季节，就有些不合适了，无法完全隔冷。

（2）加绒厨房手套。厚度上比薄款手套更保暖一些，特别适合在寒冷季节使用，可以抵挡冷水的侵袭，同时锁住手部的暖气。但是，这种手套质地较厚，活动时不太方便。比如：洗碗、洗菜时可能会受到一定的限制。

（3）内里加绒手套。这种材质可以锁住内部温度，还能抵挡住外界冷水对双手的侵袭，即使在寒冷的天气，也能轻松进行清洁。

2. 手套的长短

不同的使用环境，所需的手套长度也不一样，否则也就不会分成长短两种类型了。

（1）短款手套。跟普通手套一样，对于一般的洗碗洗菜已经够用，穿脱时也更加简单方便。虽然在长度上不太夸张，但戴时更加轻松方便，足够应付日常清洁。

（2）加长款手套。这种手套戴时虽然有些困难烦琐，但可以很好地保护衣袖不被污渍沾染到，也能防止水渍进入衣袖和手套，活动时保持内部环境的清爽与干燥，工作时可以尽情放心地投入其中。

3. 切菜专用手套

厨房手套除了在洗菜和洗碗时会用到外，在切菜或搅拌时也会使用到。比如：一次性透明手套。这种手套的厚度最薄，且切菜和搅拌时也更方便安全，既不会污染双手，又能保证食物的安全。

4. 需要注意的事项

使用胶手套，有些地方也是需要注意的，比如：

（1）使用完手套后，如果不是一次性的，要及时进行清洁，以免油渍或洗洁精等对手套产生腐蚀伤害。

（2）厨房手套最好经常通风，因为经常穿戴很容易产生异味，同时空气不流通也容易滋生细菌。

（3）多数手套使用的都是塑料胶质等材质，很容易被硬物钩坏或磨损，所以在日常生活中要做好保养和呵护

·第六章·
手部护理：用白嫩的手来添彩

◎每周去角质

生活中大部分事情都需要用到手，受伤自然也就在所难免，用手多了还可能变粗糙。粗糙的手角质层厚，因此要掌握一定的手部去角质方法，保养好你的第二张脸。

一、手部去角质的方法

具体来说，手部去角质的方法主要有：

1. 用手霜和精油护理

想要让自己的双手变得光滑白嫩，可以先用温水泡手，用磨砂膏等去掉死皮；再涂上手霜或精油，戴上一次性手套睡一夜；早晨起来，用温水洗手，再涂护手霜。

2. 用鸡蛋清按摩

将鸡蛋清涂在手上，等有些干了，用温水洗掉，不仅可以去除手部死皮，还可以紧致手部肌肤，祛除细纹。如果想取得理想的效果，可以在蛋清中加一些砂糖，涂在手上后按摩一下。

3. 夜间做好护理

晚上上床前，把手泡在温水中，然后，擦一些护手霜，用薄点的塑料袋或保鲜袋套在手上，将口系上，但要留个小口，让手呼吸。第二天早上，手上的死皮就会软化。最好每间隔两天做一次。

4.用肥皂橄榄油浸泡

首先，把手浸在肥皂液中约五分钟，软化死皮；其次，用一片柠檬轻轻按摩，可以美白、去除老茧。如果已经出现老茧，可以在温水中泡泡，之后用浮石去除。

每周要给双手做一次去除角质的特殊护理，用少量的磨砂膏按摩双手10~15分钟，去除手部死皮；然后，在加有橄榄油的温水中浸泡5分钟；最后，擦干手，涂上护手霜。

5.用柠檬进行摩擦

洗澡时把手脚用温水浸泡后，把柠檬当作刷子，用力揉搓手上有茧的地方。这些部分经常活动，皮肤很容易角质化，变成硬硬的厚皮。如果硬皮太厚，可以先用浮石摩擦，再用柠檬摩擦。泡过的柠檬茶或使用过的碎柠檬片，用纱布包裹，也能当作刷子使用。洗刷过后，角质死皮就能很快软化，一旦黑皮和死皮层脱落，原来的肉色就会显露出来。

二、手部去角质的注意事项

手部去角质的时候，有些事情也是需要注意的：

1.去角质前，先要泡温水

不管使用何种方法去角质，进行之前都要先用温水泡一下手，软化角质，然后再用去角质的方法，去除手上的角质、死皮，让手变得光洁如初。

2.手部去角质不能频繁

手部去角质不能太频繁。因为双手要接触很多事物，脏活累活都是要靠双手来完成，所以手部肌肤也需要角质层来进行保护。手部去角质太过频繁，会让手部角质层变得薄弱，不仅容易受到外界侵害，水分也会流失更快。手部去角质最好两周一次。

•第六章•
手部护理：用白嫩的手来添彩

◎休闲时间做做手部运动

忙碌了一整天，手腕和手臂会变得僵硬，尤其是整天坐在电脑前的人。为了避免这种情况，睡前就可以做做手部运动，放松手部肌肉，增进血液循环。下面就给大家介绍一种实用的手部运动方法：

（1）在手背上涂抹护手霜，从手指尖到手腕向上揉搓，直到手背充分吸收为止。两只手各反复10次。

（2）左手平放，掌心朝下；右手握拳，用指关节摁住左手手背上的骨头并上下移动；然后，两手交替动作各10次。

（3）找到左手的大拇指和食指间陷进去的部位，用右手旋转揉捏。两手交替动作各30秒。

（4）将右手的食指和中指弯曲，夹住左手的每一根手指，在侧面上下滑动10次。两手交替动作。

（5）用拇指和食指轻轻挤压各手指的指尖，让手指得到充分放松。

（6）用大拇指由下往上按压另一只手的手掌心，直至掌心微微发热。两手交替动作。

（7）在打开左手手掌心的状态下，用右手握住除大拇指以外的四个手指向后扬，反复做2～3次。两手交替动作。

（8）将手握拳再张开，重复几次，使双手获得充分的伸展，疏通手部关节和促进血液流通。

（9）这款按摩操简单易行，大家在呵护脸部和身体肌肤的同时，一定不要忘了为双手解压，释放手部活力。

◎勤剪指甲，讲卫生

长指甲最容易藏污纳垢，隐蔽的指甲缝里会隐藏着大量的真菌。美国自然疗法专家斯泰茜·莫布里博士表示，长指甲与手指间的缝隙会成为细菌的滋生地。

研究发现，如果指甲长度超过指尖3mm，藏匿在指甲缝中的细菌数量的可能性大约是指甲短的人的5倍。其中主要包含能引起肺炎、尿路感染的细菌和一些传染病源，如流感病毒等。勤洗手是防止流感病毒的有效措施之一，但多数人洗手并不能完全清洗掉这些细菌。

为了预防感冒，应该勤剪指甲，使其与指尖平齐。洗手时，最好用刷子认真清理指甲缝，最好用温肥皂水，只洗手和腕部远远不够，还应将前臂、手肘处也清洗干净。洗手后，要立刻擦干，否则细菌依然会大量滋生。

此外，除了正确洗手，还应尽量避免用脏手摸脸。《临床传染病》杂志刊登的美国国立卫生研究院的一项最新研究称，无意识地用手去碰眼睛、鼻子、嘴巴等部位，更容易感染藏匿在指甲中的致病病毒。

·第六章·
手部护理：用白嫩的手来添彩

◎根据自己的手形打造完美的甲形

古语说："手如柔荑，肤如凝脂。"一双美丽的手，可以给人留下深刻的印象。去美甲机构是修饰手最简单、快捷、直接的方式，但更多的人会在生活中自己打理。那么，如何才能根据指甲形状打造适合自己手形的完美甲形呢？

1. 纤长手形的甲形打造

这是比较理想的一种手形，手指跟手掌的长度比例为1∶1，宽度适中，整体匀称，可以尝试多种形状的甲形。

2. 娃娃手形的甲形打造

这种手形，手指较短，指肚肥厚，整体看起来呈方形。打磨甲形时，最好选取圆形的短甲，长度不要超过1.5mm。

3. 长方手形的甲形打造

这种手形，整体修长，每个手指宽度都一样，显得手部很有力量。方圆甲形，可以增添优雅气质。

4. 尖锥手形的甲形打造

这种手形，手掌比手指宽厚，越到指尖手越细，像尖锥一样。打磨甲形时，要扬长避短，最好选用宽些的方形甲来修饰手形，弱化手部线条。

5. 短粗手形的甲形打造

这种手形，手掌宽厚，手指两头一样宽，视觉上会觉得短、粗、胖。在自然甲形的基础上稍微打磨成尖形甲，会在视觉上产生收缩的效果。

◎用点指甲油，让指甲也美一美

指甲油是一种化妆品，被广泛用于手指甲或脚趾甲，颜色丰富艳丽，兼具美观和保护作用。指甲的修饰乃是女性们美容的重要内容，爱美的女子总喜欢将鲜艳的红指甲油涂在长指甲上，以显示纤纤玉手的魅力。

一、指甲油涂法步骤

涂抹指甲油的时候，要按照下面步骤进行：

步骤1：涂底油。在涂指甲油之前，先在指甲表层涂一层底；之后再用指甲油的刷子在指尖刷一小段。

步骤2：从中间刷起。在指甲中间向指尖刷上一条长长的线。涂指甲油时，要从底部中间开始涂，越到指尖方向越用力，刷子就会散开，就能刷到所有位置。

步骤3：开始刷两边。刷完中间的指甲油后，在两边分别刷一下，整个指甲几乎可以涂满。记住，不要涂太满，指甲两边的缝隙留出来，因为指甲也要呼吸。

步骤4：封顶，涂甲油。等涂好的指甲油彻底干掉，再涂上一层薄薄的指甲油。然后，再上第二层加强颜色。注意：不要刷到皮肤上，要是不小心涂到皮肤上，可以用修饰笔去除。

二、涂指甲油的注意事项

涂抹指甲油，需要注意这样几点：

1. 提前做好手部护理

很多涂好的指甲远看非常美丽，近看却发现指甲的边缘有倒刺和干裂，显得不好看。这时可以用专门的指缘修护油，滋润指甲边缘皮肤。此外，要多吃含有维生素 B_2 的食物，预防"倒刺"的产生。

做手膜的方法：用薄塑料手套或棉手套包住敷满保湿材料的手部，静待 10~20 分钟洗去，手部会非常嫩滑。橄榄油、牛奶等都是对皮肤护理非常有益处的成分。

2. 指甲修理和形状打磨

指甲修成什么形状，直接影响到视觉的美观。通常，深色的指甲油适合短指甲，可以把指甲修理成圆形短短的样子涂出来会很漂亮。而长指甲应该修成方型，看起来比较典雅。此外，还要用专门的修甲工具，清除指甲边缘多余的死皮。用专门的打磨工具，把指甲底面抛光，为最后涂指甲油做好准备。

3. 正确涂抹指甲油

在涂指甲油之前涂底油，不仅可以降低指甲油对指甲的伤害，还可以起到加固指甲的作用，且能填平指甲表面的凹凸不平，便于之后的上"妆"。

4. 合理搭配指甲油色

涂指甲油时，要注意和自身的肤色搭配。肤色偏黄的人，不适合深色甲油，果冻色系会让手部看起来水嫩，就像唇蜜一样呈现透明感。最后，甲油和衣物色系也要做好搭配，最好使用同色或相同色系，避免突兀。

第七章

穿着打扮：熟知外包装潜规则

◎服装不一定高档华贵，但须保持清洁

服装由造型、色彩和材质3个要素构成，其中色彩最生动、醒目，也最敏感。色彩在服装上具有特殊的表现力，色彩与服装的造型、面料肌理共同构成了一个整体，而色彩会以最快的速度进入人们的视线，让人产生第一印象。

每个人都有属于自己的色彩，服装搭配色彩直接影响着其精神面貌、气质等。因此，在服装搭配上要想突出"美"字，就要从多个角度出发，使自己在色彩上具有完美的定位。

一、色彩在服装设计中的应用

1. 色彩的配置与诸多因素有关

在服装设计过程中，色彩的配置与诸多因素有关，如年龄、体型、性别、肤色、性格等。

（1）年龄。不同年龄的人，在穿着打扮上应各有特点。黑、白、灰是配色中最稳重、安全的颜色，可以将它们同任何颜色搭配。青年人朝气蓬勃、风华正茂，服饰上应穿出自己的色彩，并突出青春美。一般来讲，青年人的服装用色应力求明快、鲜艳，选择彩度较纯的黄色、绿色、海蓝、

第七章
穿着打扮：熟知外包装潜规则

银灰、雪青、洋红等。

（2）体型。身材矮胖的人，适合穿着深色、暗色的衣服，能产生凝重沉稳、收缩空间的视觉效果；瘦长苗条的姑娘，可以穿红、黄、橙等暖色服装，能够让人显得丰满；身材高大的女性，不要采用大面积的鲜艳色彩，不能穿上下一色的套装，要以一个基本色调为主，加以适当的色彩点缀，同时不要穿竖条纹的衣服。

（3）肤色。人的肤色会随着所穿衣服的色彩发生微妙的变化，所以选择服装时，要注意和自己的肤色相协调。

肤色较白的人：各种颜色的服装都合适，但不能穿冷色调，否则会更加突出脸色的苍白。这种肤色的人最好穿黄色、浅橙黄色、淡玫瑰色、浅绿色等浅色调衣服。

肤色偏黑的人：可以选择色彩明朗、图案小而柔和、面料悬垂感好的服装，不要穿褐、黑、深、紫色等暗色调的服装。

肤色偏黄、偏灰的人可以选择素雅的小碎花、小碎格、小碎纹的上衣，不要穿黄色、酱黄色、米色、紫色、铁灰色、青黑色服装，以免使肤色显得更黄。

面色粉红的人：适合白色或浅色装，忌穿蓝、绿色等系列的服装，因为粉红色同蓝、绿色是强烈的对比色，会使人的面色红得发紫。

2. 与色调有关

色调（色相）指的是色彩外观的基本倾向。在明度、纯度、色相三个色彩要素中，色调起主导作用。服装设计中，色彩在不同的人群中运用有所不同。比如，中老年人的服装设计一般都会注意整体效果，保持沉稳并显时尚，多使用中明度系列，能把中老年人的威严、含蓄再现得淋漓尽致。而青年人充满活力朝气，会使用外表沉稳的服饰，体现出外在沉稳和

内在朝气。

3. 与布料有关

服装材质的不同会产生不同的显色效果。服装材质由化学纤维和天然纤维两大类构成，决定服装面料色彩美的因素是由纱支、织物、色彩、图案、肌理等组成的。

同样的色彩染在不同质地的面料上，会呈现出不同的光泽。从色彩的浓淡上看，光滑的质地浓淡相差较大。例如，丝绸对色彩的吸收强、反射率高，其亮部与暗部色彩明暗浓淡会产生较大的差异，所以丝绸面料的色彩鲜艳，而棉布和麻布就差一些。

二、色彩在服装搭配上的应用

着装色彩搭配得和谐，往往能产生强烈的美感，可以让一个人显得端庄优雅、风姿绰约，给人留下深刻的印象；搭配不当，则使人显得不伦不类、俗不可耐。所以，着装必须要讲究配色搭配。

服装色彩的搭配，通常有以下几种方法：

1. 呼应法

所谓呼应法就是，配色时在某些相关部位刻意采用同一种色彩，使其遥相呼应，产生美感。例如，穿西服的时候，要让鞋与包同色。这是适合于各种场合的着装配色。

2. 统一法

这种方法简单易行，就是将同一色相、明度接近的色彩按照深浅不同的程度搭配起来。比如，深红与浅红、深绿与浅绿、深灰与浅灰等。如此搭配上下衣，就能产生一种和谐、自然的色彩美。适合工作场合或庄重的场合着装的配色。

第七章
穿着打扮：熟知外包装潜规则

3 时尚法

所谓时尚法就是，配色时酌情选用正在流行的某种色彩。这种方法多用于普通的社交场合与休闲场合着装的配色。服装色彩的运用，要遵循"适人""适所""适时"的原则，服装的颜色是应需、应人、应时而着的，不能千篇一律。

4. 点缀法

所谓点缀法就是，采用统一法配色时，为了呈现出一定的变化，在某局部小范围可以选用某种不同的色彩加以点缀和美化。需要注意的是：用色不要太繁杂，不能太零乱，要尽量少用、巧用。通常，服装不能有过多的颜色变化，最好不要超过3种颜色；常用的各种花型面料，色彩也不要过于堆砌，否则会显得太浮艳、太俗气。这种方法适合于工作场合着装。

5. 对比法

这种方法是在配色上运用冷暖、深浅、明暗等两种特性相反的色彩进行组合，可以使着装在色彩上形成强烈反差，静中有动，突出个性。对比的色彩，既互相对抗，又互相依存，不仅可以吸引或刺激人的视觉，还能产生出强烈的审美效果，也能给人和谐的感觉。比如：红色与绿色是强烈的对比色，配搭不当，就会显得过于醒目、艳丽；如果在红与绿之间适当添一点白色、黑色或含灰色的饰物，就能让对比逐渐过渡，会显得协调很多。这种方法适合于各种场合着装的配色。

◎根据不同需要进行颜色的选择和搭配

与不同的人在一起，处于不同的场合，都要有不同的着装，着装要大方得体，争取给人留下美好的印象。这里给大家推荐一些经常遇到的场合着装规范：

1. 去俱乐部的着装

之所以要去俱乐部，主要是为了给别人留下深刻印象。因此，这时候的着装就要将自身的身材优点展现出来，争取让别人记住你。

2. 参加婚礼的着装

婚礼场合，黑色、深蓝衣服更适合婚礼，要尽量避开白色衣裳，因为白色是为新娘婚纱设计的，即使白色很漂亮，也不能抢了新娘的风采。

3. 商务会议的着装

商务人员穿着整齐，会让客户觉得专业可靠。同样，出席重要场合，与商业伙伴、代表公司洽谈和签订合同，要尽量用手表、领带、袖口等小细节提高个人魅力。

4. 第一次约会的着装

第一次约会，要做真实的自己，未来两人相处才会更加和谐。将假的自己展示给对方，一旦被对方识破，就会对你产生厌恶，因此最好按自己的想法随心而至。

第七章
穿着打扮：熟知外包装潜规则

5. 去宗教场所的着装

去宗教场所，要选择低调的风格，因为在宗教场所必须谦逊和庄重。可以穿一条过膝裙子或长裤，尽可能简洁一些，不要将肌肤太多地裸露出来。尽量不要穿深领口露胸上衣、短裙和太休闲的服装。

6. 参加晚宴的着装

晚宴上，男宾一般都会穿晚礼服、鸡尾酒礼服或深色西服。女性的服装要跟他们搭配好，既可以穿露肩与短袖的，也可以大方地表现出服装个性品味，穿短式修腰风格裙子，吸引人们的注意力。

7. 休闲俱乐部的着装

休闲装，可以是正装休闲，也可以是商务休闲，参加俱乐部的休闲活动，也可以穿休闲装。参加办公室聚会，或商务午餐会，穿普通的工作装就行。参加晚宴和鸡尾酒会，可以穿休闲装，但不能穿牛仔裤或短裤，要穿小礼服裙。

8. 工作面试的着装

到公司应聘者，通过你的着装，面试官会感受到你对公司是否尊重，以及对公司了解的程度和是否对公司感兴趣等。所以，选择的服装一定要符合公司的工作环境与文化。穿着与公司环境一致的服装，会让你更有信心，更能表现出好状态。例如：市场营销、物流、会计和秘书，要穿保守的正装；广告、美容和设计行业，可以选择潮流时尚一点的穿搭。

◎不同体形，着装也要有所不同

众所周知，体形曲线可以通过运动塑造，但是需要长时间的锻炼，才能达到一定效果。穿衣打扮的目的就是将个人的体形凸显出来，所以穿衣时一定要了解自己的体形，再根据体形来穿衣。

体形1：上身长的体形的着装。这种身材上身长，腿部短，除了高腰的裤子，还可以选择高腰的裙子。

体形2：短身长腿体形的着装。这种身材无论穿什么衣服都好看，前提是没有刻意去破坏身材的比例，否则就会败得一塌糊涂。

体形3："太平公主"体形的着装。这种体形的显著特点就是，胸部平平，可以穿潮流的短款上衣。

体形4：梨形体形的着装。这种身材腰身以上很瘦，臀部和腿部却很粗壮。这种体形的女性，可以穿阔腿裤，即使身材矮小，也能穿出高挑感。同时，还能将粗壮的臀部和腿部遮掩起来。

体形5：芭蕾舞体形的着装。这种体形看起来比较清瘦，虽说现在的人们都以瘦为美，但过于单薄纤瘦，也很难穿出服饰的廓形。这种体形的女性，最好穿膨胀感、层次鲜明的连衣裙，来修饰和弥补这种瘦身材。而且，胸部设计越复杂越能制造出胸部丰满的效果。

体形6：苹果形体形的着装。这种身材的焦点主要在腰部和腹部，四

第七章
穿着打扮：熟知外包装潜规则

肢则比较纤瘦。这种体形的女性，要想扬长避短，就要穿连衣裙。尤其是胳膊很细的苹果体形，一定要将这些优点全露出来。如果肚子多肉，要选择有点腰身的连衣裙。

体形7：方形体形的着装。这种体形，肩部、腰部和臀部的宽度都差不多，一条直线下来，没有任何曲线。这种体形的女性，适合穿宽松板型的破洞牛仔裤。宽松的裤子，可以增加下半身的宽度。当然，上半身需要穿修身的服饰，将上身宽度收缩。如此，就有了曲线。

体形8：娇小体形的着装。这种身材选择服饰时，一定要拿捏得当。想要在视觉上给人高挑感，就要好好利用高腰的单品来实现。高腰的服装能够制造出长腿短身效果，只要比例合适，一切都不是问题。

体形9：沙漏体形的着装。这种体形有着纤细的腰身，四肢不太胖，也不太纤瘦。这种体形的女性，可以穿连体裤，将自身的优势完全展现，不过需要收腰设计，才能把那小蛮腰呈现出来。宽松的裤子更能遮掩住粗细适中的双腿，轮廓若隐若现，看着自然显瘦。即使手臂不纤细，依然可以露出来。

体形10：胸部丰满型的着装。虽然，拥有令人羡慕的傲人事业线体形很性感，确实很值得骄傲，但往往很难穿出时尚感。这种体形的女性，选择服饰特别是上衣时，要舍弃胸部位置较为烦琐的设计，如荷叶边、木耳边或层次感等，越简单越好。领口也不能过小，能露出锁骨就好。要选择有收腰效果的，即使没有，也要选择看起来能收缩腰身的。

◎清爽干练的日间约会装

参加重要约会，任何一个细节都很重要。你的着装会彰显你对这场约会的重视程度，也会增加你在对方心中的好感。在约会中女性最重要的是展现自己的女性魅力，所以约会中的穿搭一定要女性化。

（1）最好选择收腰的衣服。腰线就是生命线，与其千方百计地挤胸、翘臀、开叉，不如不动声色地秀出你的小蛮腰。

（2）可以小露一把。选择凸显小性感的衣服，适宜的露肤度会极大地增添女性魅力。比如：可以露出脖颈、肩膀、手臂和脚踝等，但要适度。

（3）裙装要大方得体。选择短裙，裙子长度最好在膝盖上方两厘米左右。跟短裙比起来，中长裙更能让你看起来有气质，还便于隐藏缺陷。

（4）选择温柔的色彩。凸显女性魅力是最安全的，要选择低饱和度的、低透明度的、冰淇淋色的服饰。因此，为了完美凸显女性的气质，最好选择温柔气质的粉、蓝、白、灰组合。

（5）外套的选择。如果你的身高在1.65米以上，可以穿过膝的长外套，在腰线上系上一条带子，会显得更加修长。同时，如果你的身材是梨形，选择能遮住臀部和大腿上方的外套。

（6）选择优雅的高跟鞋。鞋跟高度在5~7厘米之间的坡跟，会让人显得比较笨重，而尖头细高跟虽然既优雅又性感，但穿着很累，因此最好选择舒适的中低跟。

第七章
穿着打扮：熟知外包装潜规则

◎稳重优雅的商务晚宴装

各种晚宴、酒会多数都在高级酒店或餐厅举行，这些场合都比较庄重，个人形象也应该是庄重典雅不失大家风范的。

一、宴会场合怎么穿合适

参加宴会，可以穿下面的服装：

1. 黑色连衣裙

小黑裙集中了所有的优点，是参加宴会的女士的首选。黑色裙装既显瘦又十分优雅，短款黑色的连衣裙则能凸显细长的腿部，让你在宴会上引人注目。如果腰间再加上一些蝴蝶结的点缀，更会显得甜美迷人。再脚蹬一双高跟鞋，更会女神范儿十足。

2. 蕾丝连衣裙

如果觉得纯黑色的连衣裙没特色，想凸显女人味，可以穿一件蕾丝面料的黑色连衣裙。肩部及手臂的透视感设计可以让你魅力无限，裙摆蛋糕裙的设计更会显得唯美浪漫。身材高挑的女性，穿上及地的连衣裙，会显得御姐范儿十足。

3. 睡衣风套装

如果天生就是个衣服架子,可以迎合目前流行的睡衣风,成为宴会上最随性的穿搭。金丝绒质感的睡衣风套装,翻领设计,更能凸显气质。金丝绒的面料雍容华贵,金色的点缀十分浪漫,搭配金色的高跟鞋更能显得个性时尚。

4. 刺绣连衣裙

年轻的女性可以选择一些甜美的颜色,如淡淡的浅紫色,给人一种温馨的感觉。大V领的设计,能够将纤细的锁骨露出来;大大的喇叭袖设计,也会让你显得柔情无限;高腰的收腰款式,能够让你穿出"胸以下全是腿"的即视感;花朵的刺绣设计,更能让你显得小清新。

5. 小西装

如果想展现个人的知性魅力,可以穿一套西装,既简单,又能凸显气质。金丝绒面料的墨绿色西装,既能凸显复古的时尚感,又非常华丽;内搭白色的立领衬衫打底,则会让你显得更加干练。

二、出席宴会要搭配合适的发型

穿着宴会装,但梳着个性的发型,就显得有些不伦不类了。因此,宴会装也要搭配合适的发型,这一点要特别注意。

1. 卷发

做一头光泽莹润、有弹性的魅力卷发,看似随意地别在耳后,却能让你魅力无限。

2. 半束发公主头

即使头发有些毛糙,也可以打造出这款半束发。头顶处的蓬松处理,不仅可以让头型更加饱满,也能让不完美脸型得到修饰。一条细长的丝带，更是最佳点缀。

3. 发饰 + 低马尾

出席晚宴时，不能要太夸张的发型，如果想为自己增添一些亮点，就要将头发全部收起来，梳一个一丝不苟的低马尾。同时，可以在低马尾的基础上搭配一些华丽闪耀的发饰，显得低调奢华。需要注意的是，马尾本身要看上去干净简洁，发质要柔顺有光泽，日常要持之以恒地进行护理。

◎宝贝内衣，呵护甜美

内衣是女性最贴身的衣物，好的内衣不仅穿着舒适，还能改善体态。穿着的内衣过于随意，不仅穿起来不舒服，还会对身体造成不良影响，因此选择内衣时一定要细心。

一、女性如何选择内衣

内衣的选择，要从下面几方面开始做起：

1. 内衣面料的选择

内衣，要给乳房承受力，材质要有弹性。通常，双针织的全棉面料是最合适的。内衣的使用寿命是有限的，一旦发现内衣松弛失去弹性，就要及时更换。

2. 内衣款式的选择

内衣的款式不同，实际的功用也不一样，在挑选内衣时，不要只关注款式是否漂亮。内衣的穿着不仅需要配合体形，还要配合在不同场合的外衣。例如：穿无袖上衣时，要穿吊带缩向内侧的内衣。如果自己无法判断，可以咨询一下导购，也可以先查阅一些相关资料。

3. 内衣尺码的选择

内衣不能过松，也不能太过紧。太过松垮的内衣不利于调整体形；过紧的内衣，则容易在身上勒出印痕，不利于呼吸和血液循环。

内衣过松或过紧，不仅与尺码影响有关，还与肩带的调节有很大的关系。多数女性的肩型是斜肩或一字肩，斜肩的女性容易肩带滑落，因此可以使用左右、前后交叉等比较稳固的肩带扣法。如果是肩膀比较漂亮，则可以用绕颈或斜扣。

二、不同时期穿不同的内衣

在不同时期，要穿不同的内衣。比如：青春期、哺乳期、中老年时期穿戴的内衣就不同。

1. 青春期——背心围

青春期少女的文胸，既不能过紧，也不能过松。如果因为乳房体积较小就选用很松的文胸或干脆不戴文胸，会使乳房失去依托，容易引起下垂甚至变形。

对于青春期的少女来说，最好选择背心围。普通背心是一种平面设计，会压制乳房的发育，而背心围则增加了一个突起的围，能够形成一个可伸展的弧度空间，适合青春期乳房发育的需要。而在运动过程中，则要选少女型文胸，对乳房起到支撑作用。

2. 哺乳期——棉质文胸

哺乳期的文胸要选择透气性、吸汗性较好的纯棉纹胸。因为孕产妇的体温较高，怕热、易出汗，纯棉文胸可以在一定程度上保持孕产妇的身体清洁。

孕期和哺乳期，女性的乳房变大、变重，乳腺组织日益发达，为了增强拉力，文胸肩带设计要宽一些，以便给乳房提供足够的支撑，避免下垂。因为哺乳不方便而拒绝戴文胸，可能会造成乳房下垂。无论是孕期还

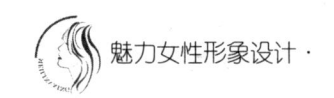

是哺乳期，都应该穿戴文胸。

3. 中老年女性——运动文胸

到了中老年以后，乳房会逐渐下垂，失去往日的风采，有些女性就认为已经没有穿戴文胸的必要了。但是实际上，中老年女性穿戴合适的文胸更能保护好乳房。

中老年妇女乳房弹性明显不如年轻女性，因此要戴特别设计的运动文胸。中老年妇女的乳房拉伸时，弹力更差，穿戴运动文胸，能够更有效地保护乳房。

三、女性如何正确穿戴内衣

穿戴内衣的时候，要按照下面步骤进行：

步骤1：直立站好，将两臂穿过文胸肩带，套在手上。

步骤2：俯身前倾30度，用两只手拉住文胸底边，向下拉；然后，向上推拢，使胸部完全包进罩杯。

步骤3：用手沿着两边伸向背后，扣好扣子。

步骤4：抬起身体站直，左手托住文胸左侧钢圈，向上托起；右手伸进罩杯内，将腋下四周及上部的胸肌和脂肪一起收拢进罩杯；另一边做同样的动作。

步骤5：调整肩带，松紧度以可以伸进一指为宜，不要太松，更不能太紧。

步骤6：调整好肩带后，适当微调一下腋下的副乳。调整时，身体适当向前倾，手法同样是由两边向中间收拢。

步骤7：看看文胸的钢圈是不是在乳房下方的根部，如果不是，一定要调整，否则起不到支撑和塑形的作用；伸直胳膊，看看文胸会不会滑动，如果没问题，就好了。

第七章
穿着打扮：熟知外包装潜规则

◎风情露肩装露出妩媚

炎炎夏日，除了必备短裙短裤外，还要准备什么？很多女性都会穿露肩装。性感却不暴露，迷人却不低俗，即使是平时大大咧咧的女性穿起露肩衣服，也能给人眼前一亮的感觉。如今露肩装非常流行，但是流行的服饰虽然美丽，也一定要根据自己的情况来进行挑选。露肩装怎么穿好看？怎么选？

1. 窄肩

窄肩的肩线比较平直，但肩膀比较短，显得头大身子小。露肩膀可以加大露肤面积，是展露手臂好线条的关键。骨架纤细，穿上挂脖的短裙，会让肩膀显得更宽，也能减少头肩比不协调的感觉；挂脖裙领子虽然性感，但只适合很瘦的女性，有点肉肉的女生最好选择直吊带。

2. 溜肩

所谓溜肩指的是，肩膀和手臂的线条不太明显，最明显的感受就是自己穿吊带时经常会掉。溜肩，会让人显得身材娇小柔美，但很难撑起衣服。溜肩比较适合的是宽肩带，不容易下滑，还能稍微遮挡住原来的肩膀线条，产生延伸肩膀的效果。最不适合溜肩的是V领、一字肩，不仅会将肩膀的视觉效果往下带，更会产生下垂的感觉。

3. 宽肩

肩膀太宽是一种困扰，即使是身材很瘦的女生，穿搭起来，也会给人

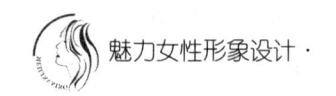

以过于魁梧的感觉。两边都露的平肩装，会将横线的直线拉长，让肩膀显得更宽，所以最好选择露单肩的衣服；增加一些 V 领、公主袖等修饰，会让宽肩更加不明显。还有一种适合宽肩的款式，那就是肩膀挖空的款式。挖空部分可以缩小肩膀的宽度，让美丽的肩膀更加突出。

第七章
穿着打扮：熟知外包装潜规则

◎露脐装凸现魅力

露脐上衣，上身修身显瘦，不仅能帮你很好地炫腹，还能让你穿出九头身。在夏季，除了各式各样的 T 恤和好看的小裙子外，漂亮上衣也是必不可少的单品。与其穿基础款的 T 恤和连衣裙，不如穿一件性感的露脐上衣，露出性感的小蛮腰，更能为你加分。

露脐装都有哪些呢？它们是如何为美女们增添亮色的呢？

（1）高腰短款露肚脐装，加上紧身的版型，触感细腻而不失弹性，基础款是一件小 T 恤，塑形效果更佳。

（2）精致的小短袖剪裁，贴身却不紧身，立体修身裁剪，保留了短款设计，触感细腻，能够凸显出性感的小蛮腰。

（3）立体的修身韩版剪裁，衣身设计成挂脖款式，更能彰显女性身形的完美，不仅浪漫，还显丰满，又清凉贴身。

（4）清新的外穿吊带，一字肩设计，能让上衣看起来更加富有层次感；短款剪裁，能露出迷人的锁骨和秀气的肚脐。

（5）短款露脐设计，展现时髦的气质，显瘦紧身，舒适感十足；下装可以选择一件修身的牛仔裤，露出纤瘦的小蛮腰，彰显复古气息。

（6）胸前小面积字母印花，可以为女性增添亮点；修身剪裁，搭配短款版型设计，更能让上身显得纤瘦，凸显婀娜性感的身姿。

（7）T恤性感的露脐设计，袖口和下摆的撞色罗纹针织，下身搭配一件短款牛仔裤，祖母印花点缀整件衣服，衣裤相得益彰又不显单调。

（8）露脐短款设计性感迷人，文艺范儿纯棉海军风短袖条纹T恤，外加泡泡袖设计，可以带入一丝清新的味道，更显青春靓丽，随性却又不过分张扬。

（9）衣服字母印花，高腰短款版型，选用高含棉质地，无束缚伸展，给肌肤更好的呵护；选用手感舒适的弹性面料，更能巧妙地修饰性感的身材线条。

（10）修身的版型设计，会让你显得更加亮丽；透气亲肤的纯棉面料，非常舒适；V领，更好地修饰了颈部线条，会让你显得更加简洁干练；短款衣摆，更能很好地勾勒出曼妙的身姿曲线。

第七章
穿着打扮：熟知外包装潜规则

◎小丝巾，大作用

一直以来，丝巾都是时尚大佬们认为最能展现女性魅力的单品。对于真正爱美的女士来说，丝巾如同衣服鞋子一样，也是必备的配饰。没有接触过的人无法想象丝巾带来的魅力，而如何展示这些魅力，更能写成一本时尚宝典。如果不懂如何运用丝巾，就要学学时尚达人是如何运用的？

1. 丝巾当作发绳

除了将丝巾当成发箍外，还可以将它当作发绳。将蓬松的头发扎成可爱的丸子头，系上黑白印花的棕色丝巾，会让人不禁想起小书童，呆萌可爱。

金色的波浪长发，美得让人心醉，戴上一块粉色丝巾，作为发绳，再好不过。随意地将头发扎成马尾，丝巾随着发丝下垂，不仅飘逸感十足，还会带有丝巾特有的浪漫优雅。

2. 丝巾当作腰带

为了将丝巾的作用发挥到极致，可以将丝巾系在裤腰上。穿一件粉色的格纹礼服，用复古印花大方巾系成腰带，整个造型会更吸引人。同样，泳衣的款式简单干练，如果在腰部系上一根丝巾，结果就会截然不同了。丝巾极具浪漫色彩，有着完美的点缀作用，配上简单的泳衣，就能够让这份性感更加明显。

3. 丝巾当作领结

最开始，丝巾所起的作用就是系在脖子上抵御寒冷，随着时尚的变化，最终才演变成一种装饰品。空荡荡的颈部，点缀上小巧的波点丝巾，不仅不再单调，还增添了几分俏皮复古的感觉。

鲜艳的印花丝巾非常张扬，又带着复古美，可以搭配深色调的衣物。如果是衣服的细节也透露着复古感，会更加和谐。

蝴蝶结系法，会赋予整个造型几分少女感。尤其是长丝带系成的蝴蝶结，会更显学生气，让人不由自主地想到校服的领结。黑红条纹的领结配上红白斜条纹的连衣裙，更显优雅。

4. 丝巾当作发箍

将丝巾发展成发型装饰品也是一种进步。黑色的丝巾上印着白色的花纹，款式很简单，一旦系成发箍，却能起到很棒的装饰作用。尤其是打结的小尾巴，更显俏皮可爱。

丝巾的选择，要结合自己整体造型和发色。如果发色过于鲜艳，配上鲜艳的丝巾，就会显得很累赘。而复古优雅的印花丝巾，就适合金色或棕色的头发，会让人显得美丽大方。

丝巾作为发箍，少了发箍的压迫感，会更加舒适；细碎的发丝从缝隙中飞出也会变得更加俏皮。些许凌乱的造型，会让头发看起来更加飘逸，配上丝巾，更有女神范儿。

将素色的丝巾当作发箍，也十分漂亮，看起来更加简洁。有些发型看起来非常普通，但配上丝巾，效果就会完全不同；下垂的丝巾尾部，更像是可爱的小兔子耳朵。

丝巾还是休闲度假的最佳配饰，搭配泳衣，性感度就能飙升到新高度。

5. 丝巾当作其他饰品

海滩上，最常见的搭配就是泳衣和大长方巾的组合，网络上这样的美女照片有很多。在性感的泳衣外，披上或在腰部系上一条长丝巾，能给人一种半遮半掩的诱惑。

丝巾不仅能直接装饰身体某个部位，还能装点身边的一些配饰。比如，将棉柔的丝巾系在藤编篮的手柄上，就能柔化了藤编材质坚硬的线条，看起来更加温柔舒适。

遮阳帽和丝带也是不错的搭配方式。蝴蝶结可以增加少女感，飘逸的丝带带着浓浓的青春气息。当然，除了丝带之外，也可以将丝巾系在遮阳帽上，让帽子变得更加浪漫清新。

◎配好你的手提包

俗话说得好："包包配不对，衣服再贵都白费。"衣服会挑人，一件好的衣服需要身材来支撑，而包包不会。一款合适的包包绝对能提升女性的气质！那么，不同款式的包包应该怎么挑选，怎么才能搭配出自己的气质呢？

1. 手提包的搭配

大手袋既精致又耐用，适合通勤出游。对于忙碌的上班族来说，大手袋容纳空间大，随手放些化妆品和资料再好不过。短款衣服可以随意搭配黑色大手袋，大气简约，又时尚潮流。而风衣、高腰长裤等比较长的单品，搭配小一号的手提包，会更显精致。

2. 手拿包的搭配

这几年手拿包很火爆，手拿包的实用性虽然没有其他包包强，但它容易搭配造型。比如：大包适合高个子的气场强大的女性，既能搭配大气的长款风衣或裙装，也可以搭配干练的穿着，简直就是妥妥的女王范儿。小款手拿包精致优雅，虽然个头小，但存在感很强，搭配小礼服或短款外套、披风，不仅能使整体造型更加精致，双手也有了安放之地。

3. 斜挎包的搭配

黑色斜挎包搭配秋冬深色系的大衣，可以给人以潇洒随意的感觉，使单调的大衣有了生命。还可以跟浅色水洗牛仔裤搭配，给人以复古的感

第七章
穿着打扮：熟知外包装潜规则

觉,即使是冬天也不会显得太厚重。

斜挎包可以单肩背,也可以斜挎,搭配连衣裙、牛仔外套或工装外套,效果都不错。当然,斜挎时背带不能太长,将包包背在腰部即可,以便提高腰线。

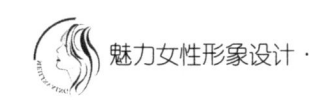

◎美丽投资，配件先行

饰品虽然都是细节部分，但往往细节更能体现个人品位。尤其是注重个人形象的职业女性，饰品搭配更要多加注意。女性职业装的饰品搭配，不能太多，一两件最好，多于三件就会显得庸俗不堪。记住，饰品只是点缀作用，主要目的是调节着装，使之与自己所要展现的气质更合拍。

一、主要配件有哪些

着装，主要的搭配物件有：

1. 手表

如今女性很少有人戴手表，如果一定要戴，就要戴品位极高的名牌表。

2. 手镯与手链

手镯与手链不是必要的装饰品，工作时不用佩戴，也最好不戴。出入写字楼，戴手镯有点不伦不类，容易被人取笑。

3. 项链

选择项链的时候，价格不是主要因素，不管款式如何，都要跟年龄、肤色、服装等搭配协调。通常，中年女性可以选择质地上乘、工艺精美的

第七章
穿着打扮：熟知外包装潜规则

黄金、白金的项链；而年轻女性可以选用质地颜色好、款式新的项链，如骨制、珍珠制项链等。

4. 耳环

戴眼镜的女性，不能戴大型悬吊式耳环，佩戴贴耳式耳环会令你更加文雅漂亮。同样，耳环与肤色的配合也不能忽视。肤色较白的人，可以选用颜色鲜艳一些的耳环；肤色是古铜色，可以选用颜色较淡的耳环；肤色较黑，最好选择银色耳环；肤色较黄，可以选择古铜色或银色耳环。

5. 丝袜

丝袜是现代女性必备的服饰，一双漂亮的丝袜可以衬托出女性腿部的曲线美和神秘感。丝袜的色泽要有所讲究，职业女性在政务或商务场合只能穿肉色丝袜，休闲及着便装时丝袜的颜色要与服饰相协调。需要注意的是，穿着明显破损或脱丝的丝袜是很不雅的；丝袜的袜口不能低于裙子下缘；穿迷你裙，最好穿连裤袜，以免袜口外露。同时，丝袜还是一种身份的象征。如果不想让别人认为你是某种特殊职业的人，千万不要穿黑色网格带点的丝袜。

6. 戒指

戒指应与指形搭配：手指短小，要选用镶有单粒宝石的戒指，如橄榄形、梨形和椭圆形的戒指，指环不太宽，才能使手指看起来较为修长；手指纤细，最好搭配宽阔的戒指，如长方形的单粒宝石，会使玉指显得更加纤细圆润；手指丰满且指甲较长，既可以选用圆形、梨形和心形的宝石戒指，也能选用大胆创新的几何图形。

同样，戒指也应与体形、肤色相搭配：身体苗条、皮肤细腻的女性，适合戴嵌有深色宝石、戒指圈较窄的戒指；身材偏胖、皮肤偏黑的女性，适合戴嵌有透明度好的浅色宝石、戒指圈较宽的戒指。

7. 胸针

胸针是女性不可或缺的配饰，无论是艳丽的花朵襟针，还是闪烁的彩石胸针，只要花点心思佩戴在简洁的服饰上，都能令人一见难忘。

粉红色花胸针，形态或娇艳欲滴或清丽脱俗，代表了不同的气质。襟花扣在线条明朗的毛绒大衣或柔软的针织毛衣上，会显得温婉娇媚。镶彩石蝴蝶型胸针，充满活泼动感，配在纯色上衣，或为黑色连衣裙作点缀，能够让你倍显高贵。

二、佩戴饰品的注意事项

佩戴饰品的时候，要注意下面几方面的内容：

（1）饰品有季节性，春夏可以戴轻巧精致的饰品，以配合轻柔的衣裙。

（2）不要将饰品戴在自己的短处，以免夸大了自己的缺点。比如，耳部轮廓不太好看，不要戴过于夸张的耳坠；手指欠修长丰润的，不要戴大宝石或珍珠镶的戒指。

（3）脖子较长和皮肤较好的女性，可以用宽颈圈进行修饰，还能将几条缠绕在一起，营造出丰富而有层次的美感。脖子较短的人，如果脸形不太圆，可以配上细项圈。

（4）佩饰不但要与自己的脸型气质等相配，还要与自己的体形相配。

第八章

饮食秘方：美丽也要吃出来

◎女人 30，要补钙

研究证实，女性 28 岁以后，骨钙每年会以 0.1% ~ 0.5% 的速度减少；到 60 岁时，会减少 50% 的骨钙，容易出现骨质疏松症。目前，除了一些激素可减缓钙质的减少外，还没有其他更好的办法。

骨的密度是指矿物质的含量，最主要的元素是钙。骨的密度有高有低，因人而异。骨密度高的人，即使同样减少，但因为基础好，也能推迟骨质疏松症的发生。研究证明，只有及时补钙，才能使矿物质在骨中含量达到标准值。过了 35 岁，人的整个机体生理功能就会开始走下坡路。

整个青春发育期至 35 岁以前，是补钙的最佳时期。女性要尽早关注骨骼健康，从 30 岁开始就要有意识地补钙。

一、补钙抓住三个时期

女性补钙，有三个关键期：

1. 月经期

充足的钙质能够防止在月经期发生暴躁、燥热、盗汗、腿部抽筋、情绪沮丧等问题。即使月经已经停止，在月经周期内女性也可能出现缺钙症状，一定要及时补钙。

第八章
饮食秘方：美丽也要吃出来

2. 怀孕期

怀孕后，日常膳食要注意补充所需营养素，钙就是其中一种。孕期，为了保证胎儿发育，让孕妇可以维持正常的生理代谢，需要更多的钙；而且，胎儿骨骼和牙齿生长都需要孕妈提供大量的钙。孕妇缺乏钙质，胎儿可能会出现先天性佝偻病，孕妇也容易患上骨质软化症，所以孕期补钙非常重要。

3. 用餐后

进餐之前补充钙剂，吸收率会降低。只有在餐后补钙，钙才能被充分吸收。牛奶是钙含量较高的的食物之一，临睡前喝牛奶还能帮助睡眠。

清晨也适合补钙，早上6～9点心脏病、哮喘、肺气肿等疾病容易发作，此时适量补钙，可以提高血钙浓度，减轻病症的发生。

二、补钙的原则

补钙，要遵循以下几个原则：

1. 食补

人们每天都要进食，要选择合适的食物种类，尽量食用含钙量高的食物，有意识地从中得到钙的补充，并长期坚持。

2. 早补

妇女体内的钙质从40岁前后就"支出"大于"收入"，从此时开始就应该补钙。同样，对骨质疏松症的预防，也要在更年期前开始重视。

3. 补钙药物

传统的葡萄糖酸钙，含钙量太低，已很少使用。目前，可以服用碳酸钙和葡萄糖醛酸钙。这类钙剂的特点是：含钙量高，价格适中，容易吸收，不含钠、钾、糖、胆固醇和防腐剂，不会影响糖尿病、肾病和高血压

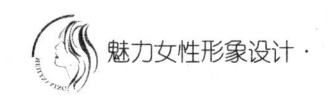

患者。

三、如何补钙

补钙的时候,要把握好3个环节:

1. 减少钙的流失

有些女性补了不少钙,也比较注重增加维生素D、维生素C的摄取,但仍然缺钙。如此,就要反思一下:食物的搭配是否科学?很可能是某些不当的食物成分增加了钙的流失。

2. 注意促进钙的吸收

无论食补还是药补,都要促进钙的吸收。俗话说"一个朋友三个帮",钙也是这样。当它随着食物吃进以后,还需要多种因素来促进机体的吸收与利用,才能充分发挥作用。比如,维生素D、维生素C等能促进钙的吸收,荤素平衡能提高钙的利用率等。

3. 食补必须选对食物

哪些食物有利于补钙呢?很多人都青睐动物骨汤,如排骨汤。其实,排骨中的钙含量很低,1斤排骨大约只有25毫克的钙质,再加上骨头中的钙难以溶解在汤中,因此喝排骨汤不太管用。比较起来,奶类才是钙的最佳来源。母乳最优,其次是配方奶,最后是鲜牛奶。

四、补钙食物推荐

有利于补钙的食物,生活中常见的有:

1. 豆制品

大豆是高蛋白食物,含钙量也很高。500克豆浆含钙50毫克,150克南豆腐含钙高达 180 毫克，其他豆制品也是补钙的良品。豆制品与肉类同烹，不仅味道鲜美，营养也异常丰富。

2. 海带和虾皮

海带和虾皮是高钙海产品，每天吃上 100 克干海带，可以补钙 300 毫克。同时，它们还能降低血脂，预防动脉硬化。虾皮中含钙量更高，50 克虾皮含有 500 毫克的钙，用虾皮做汤或做馅儿都是日常补钙的不错选择。

3. 动物骨头

动物骨头里 80% 以上都是钙，但不溶于水，很难吸收。制作成食物时，可以事先敲碎它，加醋后用文火慢煮，钙质便会渗入汤里。吃的时候，只要去掉浮油，放些青菜，就能做成一道美味的鲜骨头汤了。

4. 牛奶

250 克牛奶，不仅含钙 300 毫克，还含有多种氨基酸、乳酸、矿物质及维生素，可以促进钙的消化和吸收。而且，人体更易吸取牛奶中的钙质，因此牛奶是日常补钙的主要食品。其他奶类制品，如酸奶、奶酪、奶片等也是良好的钙来源。

◎维生素一个也不能少

女人最需要的7种维生素主要是：

1. 维生素 B_3——柔肤安神

维生素 B_3 不仅可以促进消化系统的健康，减轻胃肠障碍，还能使肌肤更健康，预防和缓解严重的偏头痛、耳鸣，减轻腹泻现象。为了维护皮肤健康，生活中可以多吃些瘦肉、全谷、豆类、绿叶蔬菜等。

2. 维生素 K_1——活血明目

黑眼圈并不只是因为没睡好，也可能是因为缺乏维生素 K_1。这是一种维生素类药物，合理补充一定的量，黑眼圈就会明显变淡，还能改善因疲劳而引起的黑眼圈。为了补充维生素 K_1，可以多吃些牛肝、鱼肝油、蛋黄、奶制品、海藻、蔬菜等。

3. 维生素 D——保健瘦身

维生素 D，是能呈现胆钙化固醇生物活性的所有类固醇总称。不仅能提高肌体对钙、磷的吸收，促进骨骼、牙齿健康，还能控制食欲，有助于控制体重。如果想拥有明亮肤色和好身材，绝对不能缺少维生素 D。为了补充维生素 D，可以多吃些海鱼、黄油、鱼肝油等。

4. 维生素 H——美发生发

有了维生素 H，才能黑发不白、身材不改。维生素 H 能帮助脂肪、氨基酸等正常合成与代谢,能预防白发和脱发,有助于治疗秃顶,还能缓解肌肉疼痛。缺少维生素 H,蔬菜水果里的维生素 C 就很难被有效利用。为了补充维生素 H,可以多吃些小麦、草莓、柚子、啤酒等。

5. 维生素 U——肠胃保健

很少有人会缺少维生素 U,但在肠胃出现问题时,它就需要补充了。不仅可以治疗胃溃疡和十二指肠溃疡,还能缓解胃部不适的状况,如胃胀和胃痛等。如果想调理肠胃,为整体健康打好基础,生活中可以多吃些卷心菜、白菜、甘蓝等,经常胃部不适的人可以长期饮用蔬菜汁。

6. 维生素 B_6——预防疾病

国外最新医学研究表明,维生素 B_6 进入人体能变成辅酶,在蛋白质代谢中发挥着重要作用。缺少维生素 B_6,会损害细胞和影响体液的免疫功能,从而诱发癌症。补充足够的维生素 B_6,就能有效防止膀胱癌的发生或发展。维生素 B_6 与噻呋哌药合用,还能预防乳腺癌。为了补充维生素 B_6,可以多吃些蔬菜、肝、糙米、蛋、燕麦、花生、核桃等。

7. 维生素 B_{12}——补血美肤

维生素 B_{12} 本身含有钴,呈现红色,又称红色维生素,是少数有色的维生素。其作用主要有:保持健康的神经系统,用于红细胞的形成;安神补脑,消除烦躁感,增强记忆力。此外,将维生素 B_{12} 添加在化妆品中,还能解决暗沉、干燥、细纹和疤痕等肌肤问题。

维生素 B_{12} 是唯一含必须矿物质的维生素,被称为"口服腮红",能够带给你红扑扑的好气色。为了补充维生素 B_{12},可以多吃些动物肝脏、肉类、蛋白质等。

◎天天吃豆三钱，何需服药连年

豆类是每个人都能接触到的食物，吃法有很多，豆制品很多人平时都喜欢吃。豆类中含有丰富的蛋白质，对身体有一定的好处，那么女性吃豆类有什么好处呢？

下面就来看看各种豆类都具有怎样的功效。

1. 荷兰豆——美颜美容

荷兰豆经常会被做成各种小吃，味道比较甘醇，氨基酸的含量丰富，有利于女性养颜美容。

2. 黑豆——滋阴养发

黑豆有"豆中之王"的美称，适合肾虚者食用。日常生活中经常食用的豆豉，就是用黑豆发酵制成。

3. 蚕豆——减肥消肿

蚕豆可以消除水肿，还有利于减肥。蚕豆，不仅含有碳水化合物和优质蛋白质，还含有磷脂、丙氨酸和酪氨酸，对肾脏有益。

4. 四季豆——肌肤光泽

四季豆又称菜豆、扁豆、芸豆，含有蛋白质，能够滋养五脏、补血、补肝、明目、帮助肠胃吸收、健脾补肾、理中益气，还能让肌肤保持光泽美丽。

5. 绿豆——美白祛痘

绿豆是夏天经常吃的豆类，绿豆汤可以降温解暑。绿豆中含有大量蛋白质、B族维生素及钙、磷、铁等矿物质，有增白、淡化斑点、清洁肌肤、祛除角质、抑制青春痘的功效。

6. 豌豆——润泽皮肤

豌豆含有丰富的维生素 A 原，食用后可以在体内转化为维生素 A，润泽皮肤，皮肤干燥的女性要多吃一些。但豌豆吃多了容易腹胀，消化不良者不能大量食用。

7. 白豆——滋养皮肤

白豆是一种难得的高钾、高镁、低钠食品，适合心脏病、动脉硬化、高血脂、低血压症和忌盐患者食用。吃白豆，不仅对皮肤、头发都有好处，还可以提高肌肤的新陈代谢，促使机体排毒，顺利减肥。

8. 大豆——润泽皮肤

大豆中的大豆异黄酮又称植物雌激素，多食用大豆，有利于胃肠道的消化和吸收，润泽皮肤。还能弥补 30 岁以后女性雌性激素分泌不足的缺陷，改善皮肤水分和弹性，缓解更年期综合症和改善骨质疏松，使女性再现青春魅力。

9. 红豆——减肥排毒

红豆含有较多的膳食纤维，具有良好的润肠通便、降血压、降血脂、调节血糖、解毒抗癌、预防结石、健美减肥的作用；具有良好的利尿作用，能解酒、解毒，对心脏病、肾病、水肿都有一定的作用；含有叶酸，是产妇、乳母催乳的好食物。

10. 黄豆——美容抗癌

黄豆有健脾、润燥、消肿的功能。黄豆中的蛋白质含量高且质量好，可以增加人体的骨密度，促进骨骼健壮；黄豆中的大豆蛋白质和豆固醇，能明显改善和降低血脂和胆固醇，从而降低患心血管疾病的概率。此外，大豆还具有美容、抗癌等功能。

◎枸杞是天然美容圣品

形容一个人面容老态，很多人都会使用"人老珠黄"这个词语，其实就是眼白的颜色变得混浊、发黄，有血丝，气血不足了。皮肤粗糙、没光泽、发暗、发黄、发白、长斑都是气血不足的表现。

年轻时气血充足、面色红润，过了25岁，尤其是35岁以后，气血亏虚，不仅病痛会找上门，还会让你显老10岁。如何才能解决这个问题呢？吃些枸杞子。因为，枸杞是天然的美容圣品。

一、枸杞子的美容功效

枸杞子的美容功效主要体现在：

1. 美白肌肤

枸杞子不仅具有一定的药用价值，还是一种纯天然的美容圣品。每天服用一杯枸杞子茶，能够很好地为皮肤提供所需要的养分，还能提高皮肤吸收营养物质的能力，让肌肤更加白皙、有弹性。

2. 抗衰老

枸杞能够维护正常细胞发育，提高脱氧核糖核酸损伤后的修复能力，促进衰老细胞向年轻化逆转，大量现代药理作用的研究及临床观察表明，枸杞及其提取物能够明显改善老年人的衰老症状和生化指标。

3. 美容养颜

用枸杞子泡水，经常喝，可以延缓肌肤和机体衰老，还能延年益寿。现代研究发现，枸杞子中含有非常丰富的枸杞多糖、维生素、胡萝卜素、黄酮类和硒元素等，这些物质进入身体后，都能起到不错的抗氧化功效，还能清除体内多余的自由基，让机体更加年轻。

二、如何吃枸杞对女人的身体更好

现代医学研究发现，枸杞是一种非常安全的食物，不含任何现在已知的毒素，坚持长期食用，有很好的滋补和治疗作用，但不能过量食用。通常，健康的成年人每天食用的量最好不要超过 20 克。如果想用来治病，最好也不要超过 30 克。

◎大枣是"活维生素C丸"

女性通常都喜欢吃红枣，因为红枣不但非常甜，营养价值也很高，不仅可以用红枣炖汤，还能直接吃，很多女性还会将红枣当作零食，那么，吃红枣究竟有哪些好处呢？

一、吃红枣的好处真不少

红枣，对于女性的好处确实很多，最具代表性的有：

1. 可以安神

从中医上讲，如果感到躁郁不安、心神不宁，就可以用红枣和莲子进行搭配调理。当然，跟小米一起煮，还能将红枣的安神作用更好地发挥出来。

2. 不易长皱纹

人人都盼望容颜不老，但这只是人们一种期望。到了一定的年龄，任何人都会长皱纹，但我们可以让皱纹长得稍微晚一点。红枣里所含的维生素C非常多，拥有较强的抗氧化作用，可以防止黑色素在身体内沉积，还能有效减少皱纹。

3. 让面色红润

红枣的药物作用是很多药物都比不了的，如红枣中富含铁，对于月经贫血或产后失血的女性非常重要；红枣里含有大量的环磷酸腺苷，可以调节身体的新陈代谢，加快新细胞生成；多吃红枣，还能让身体内的老细胞快速消失，增强骨髓的造血功能。

4. 润泽肌肤

女性如果长期待在电脑跟前，可能会引发一些皮肤问题，最重要的是，在电脑面前待的时间长了，皮肤会比较干燥，这时吃红枣就是非常不错的选择。红枣的维生素总量是苹果的75倍，多吃一些红枣，可以让皮肤更有弹性。

二、三种女人越吃越糟糕

吃红枣确实对女性的身体有好处，但再好的食物，也不是每个人都适合，红枣也不例外。下面三种女性千万不能多吃红枣。

1. 易腹胀的女性

容易腹胀的女性，经期吃红枣会造成生湿积滞。吃红枣而产生的湿热会滞积中焦，胃肠运化功能障碍，就会导致腹胀。

2. 燥热体质的女性

体质燥热的女性血液循环较快，红枣有补血功效，月经期间吃红枣，会加大燥热体质女性的月经量，进而伤害到身体的健康。

3. 湿气重的女性

月经期常出现眼肿、脚肿的女性，从中医角度来说，是体内湿气重的表现。这类女性，不仅是经期，在平时也不适合吃红枣。因为红枣含糖较多，吃多了，容易生痰生湿，会加重浮肿的症状。

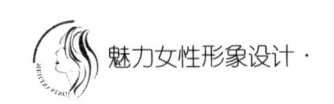

◎女人减肥，马铃薯是首选

土豆是生活中常见的蔬菜，营养比较丰富，热量比较低。很多爱美人士会用土豆来帮助减肥。那么，吃土豆能减肥吗？食用时要注意些什么？

马铃薯的营养成分非常全面，富含 B 族维生素、维生素 C 以及各种矿物质。土豆含水量高达 70%，真正的淀粉含量只有 20% 左右。土豆仅含有 0.1% 的天然脂肪，即使吃多了，也不用担心脂肪过剩。而且，土豆富含膳食纤维，能让人产生饱腹感，避免热量超标。

想用土豆作为减肥食品，一定要注意烹饪的方法，如吃水煮土豆，就具有不错的减肥效果。只要将土豆用白水煮熟，蘸一些米醋来吃，就能产生饱腹感，就能减少其他饮食数量。而且，土豆富含膳食纤维，能够促进消化，还能刮油，促进肠胃中的脂肪和有毒物质的代谢。

水煮土豆，不仅有很好的减肥效果，还能排毒养颜，只要土豆烹饪的方法合适，减肥的作用就会非常明显。

需要注意的是，土豆有很好的吸附作用，如果是油炸土豆，土豆里会吸附大量的油脂，吃了以后，就容易导致肥胖。另外，保存不当，土豆就会生芽，生芽土豆里含龙葵素，是一种毒素，能引起咽喉肿痛、恶心、呕吐、腹泻等症状，所以长了芽的土豆不要吃。

·第八章·
饮食秘方：美丽也要吃出来

◎巧食番茄，"吃细"下半身

说到西红柿，每个人都不陌生，平时大家都没少吃。如今有很多美女尝试着用西红柿来减肥，减肥效果似乎还不错。下面，我们就来说说这种减肥方式到底是怎么帮人减肥的。

一、西红柿能减肥

西红柿的热量很低，每 100 克西红柿仅含热量 15 大卡，是典型的低热量减肥食物，比苹果的热量还低。

西红柿有着较强的饱腹感，吃了之后，不容易觉得饿。西红柿中的番茄红素可以降低热量摄取，减少脂肪积累；另外，西红柿还含有比较多的膳食纤维，有着很强的去油功能。因此，饭前吃一颗西红柿，确实能减肥。

西红柿当中独特的酸味，也具有减肥功效。酸味能刺激胃液分泌，促进肠胃蠕动，加上膳食纤维的作用，就能成功吸附肠道内壁的多余脂肪和油脂。此外，西红柿中的柠檬酸也能促进糖分代谢，燃烧脂肪。

二、何时吃西红柿

何时吃西红柿，最能达到减肥的效果？晚上，既可以将生西红柿切成

薄片，也可以将小西红柿直接做成沙拉，吃晚饭时喝一些番茄汁佐餐，也可以加点儿番茄酱、蔬菜泥、西红柿罐头来增添菜色。当然，最常见的办法是将西红柿热处理，热炒、入汤都可以。总之，完全可以自由变换花样，只要晚餐桌上出现西红柿红彤彤的身影就可以。

"晚间西红柿"的瘦身秘密在哪里？西红柿中的柠檬酸能促进糖分代谢，燃烧脂肪。此外，西红柿中富含的膳食纤维和果胶能刺激饱食中枢，一边向大脑发出"吃饱了"的刺激信号，一边加快肠胃蠕动，促进体内废物的排除。

三、吃多少西红柿

如果下定决心要开始"晚间西红柿减肥"生活，请记住：必须保证每日摄入 15 毫克以上的番茄红素。

可以吃两个大西红柿。通常红色系要比桃色系更好，所含番茄红素是桃色系的 3 倍。当然，也可以用 17 个小西红柿代替。小西红柿也称圣女果，营养成分更高，胡萝卜素、维生素 C、膳食纤维等都是普通西红柿的 1.5～2 倍。

可以饮用一瓶番茄汁。如果想让效果更明显，每天要喝 2～3 瓶。记住：喝一瓶番茄汁摄取到的番茄红素相当于食入两个生的西红柿。

四、坚持多久，才有效

不同于追求速成却格外伤身的魔鬼减肥法，"晚间西红柿减肥"目的是为了让人们在瘦身之外还能吃得美、睡得香、皮肤好、心情靓。因此，不要指望诸如一周"吃"掉 5 斤肉之类的"奇迹"发生。即使一个月后体

·第八章·
饮食秘方：美丽也要吃出来

重已默默减轻了2千克，但也要坚持下去。至少坚持3个月，最好是半年。

从医学角度来说，人体的新陈代谢等机体循环周期平均需要6个月，自由机体能"记住"这持续了6个月的状态，才能真正更长久、更有效地保持它。所以，这种减肥法要坚持3～6个月。

◎多吃蛋类好养颜

如今的女性都比较爱美，平时总喜欢买大量的护肤品对皮肤进行保养。其实，要想保持健康美丽的皮肤，除了使用护肤品护肤之外，平时的饮食调理也是相当重要的。平时多吃蛋类食物，也能起到美容养颜的作用。那么，哪些蛋类食物有养颜的功效呢？

1. 鸡蛋

鸡蛋的营养价值很高，含有丰富的蛋白质、磷脂、维生素 A 和 B 族维生素，还含有丰富的钙、铁等微量元素和维生素 D 等。

鸡蛋中的磷脂，进入人体中会分离出一些胆碱，可以防止皮肤衰老，让皮肤保持光滑而细嫩。同时，铁元素在人体中有着造血、参与血液运输氧和营养物质的作用。要想保持红润的气色，离不开铁元素，如果铁摄入量不足，就会引起缺铁性贫血，会导致脸色发黄，皮肤也会失去红润光泽。

2. 鸭蛋

鸭蛋中，不仅含有丰富的蛋白质和磷，还含有丰富的维生素 A、B 族维生素和维生素 D 等，还含有钙、钾、铁、磷等营养物质。中医认为，鸭蛋味甘性凉，具有滋阴清肺的作用，还能起到美容养颜的效果。经常吃鸭蛋，可以滋阴降火、润肺美肤。

3. 鹌鹑蛋

鹌鹑蛋的营养价值也很高，不亚于鸡蛋，能够很好地护肤和美肤。

鹌鹑蛋中，含有丰富的蛋白质、赖氨酸及胱氨酸，还含有多种维生素，含有人体所需要的钙、铁、锌等营养物质。中医认为，鹌鹑蛋味甘性平，不仅补血益气，还能强身健脑、滋润皮肤和美容。平时多吃鹌鹑蛋，能够缓解营养不良、月经不调和高血压等症状。特别是对女性来说，还能起到很好的调补和养颜美容作用。

◎各种养颜茶的奥妙

夏季到了，很多美女都会为臃肿的身材、满脸的痘痘、经常便秘而苦恼。这里，我们整理了一份排毒养颜的养生茶给大家作参考。

1. 枸杞茶——有利于治便秘

枸杞茶是一道中药，如果连续三天没有排便，就买点枸杞茶喝喝。晚上多喝点，第二天上午就会神清气爽，不再倦怠。

2. 罗汉果茶——有利于减肥

为了保持婀娜的身材，就要减少甜食的摄入量，但嘴馋时怎么办？一杯甜味纯正、热量很低的茶，就能解决这个问题。罗汉果茶就是这种佳饮。这种饮品虽然甜如砂糖，热量却很低。

3. 菊花茶——有利于抗辐射

菊花茶由白菊花和上等乌龙茶焙制而成，是接触电子污染的办公一族应必备的一种茶。茶中的白菊具有祛毒的作用，还能祛除体内积存的有害化学物质。为了清热解毒、抗辐射，就可以喝点这种茶。

4. 普洱茶——能铲除小腹脂肪

中国茶多数都能促进脂肪代谢，普洱茶更是消除多余脂肪的高手。茶中含有的元素，能够分解腹部脂肪，因此如果想铲除腹部的脂肪，就可以喝些普洱茶。普洱茶虽然有一点特殊味道，但不苦。

第八章
饮食秘方：美丽也要吃出来

5. 乌龙茶——有利于醒酒

宴会上推杯换盏，气氛热烈，醉酒的人很多。要想早些醒酒，就要喝乌龙茶。乌龙茶能防止身体虚冷，能够帮助排除酒精和积聚体内的胆固醇。因此，如果想醒酒，就可以喝杯乌龙茶热饮。

6. 五清茶——有利于清肠毒去便秘

办公室女性需要经常面对电脑，坐的时间久了，容易面部萎黄，长出痤疮和痘痘，甚至还会引起便秘。五清茶含有决明子、干姜、紫苏等中药成分，能够很好地改善女性痤疮、痘痘和便秘，安全健康。早晚各一包，30天就能轻松排毒，让便秘消失。

7. 芦荟茶——有利于戒烟

吞云吐雾的感觉确实不错，但一旦因吸烟引起病变，后悔也晚了。好烟如命的美女，为了健康，尽快戒烟。如果忍不住想抽上一口，就可以泡一壶芦荟茶，品着与香烟相似的独特苦味，就能解了嘴馋。当然，芦荟茶不仅有助于戒烟，还能促进排便和新陈代谢。

◎瘦弱女性的美丽食谱

女人太瘦，可能造成胃下垂、胆结石、子宫脱垂、骨质疏松、十二指肠淤滞等疾病。如果想让自己变得更加美丽，就要关注一下自己的食谱了。

一、女人太瘦怎么增肥

如果你很瘦，要想增肥，就要从下面几方面做起：

1. 热量足够

瘦美眉如果想增肥，最根本的一点就要保证热量的"入大于出"。人体摄入的热量主要来自主食(如米、面)和肉类，因此要想增肥，首先要吃好三顿正餐，吸收足够的热量。

2. 睡前加餐

夜里睡眠时，人体生长激素、胰岛素等合成激素分泌最旺盛，这些合成激素能够促进人体蛋白质的合成代谢，促进机体的生长和发育。高质量的睡眠有助于上述合成激素的分泌，要想增肥，最有效的办法是，在睡觉前半小时喝1杯加糖的牛奶或1碗温热的小米粥，也可以吃一些高蛋白质食品或甜点。

3. 少食多餐

如果只吃三餐，想增重必须吃很多，但肠胃可能就会不堪重负。

且消瘦的人大多肠胃功能较弱，吃得太多，不仅不能有效吸收，还会增加肠胃负担，引起消化不良，结果适得其反。同时，三餐间隔时间较长，热量与营养得不到持续、及时的供应，也无法增重。因此，要将每天的进餐次数改为 5～6 餐，以早、中、晚三餐为主，适量加餐。

4. 合理选择食物

从中医角度来说，消瘦者一般都是阴虚和热性体质，因此他们的膳食最好以滋阴清热为主。日常饮食中，不仅要多吃含动物性蛋白质丰富的食物，还可以适当多吃些豆制品、蔬菜和瓜果等。此外，还要适量选性味偏凉的食物，如黑木耳、蘑菇、苦瓜等。

二、增肥食谱及做法

下面给大家介绍几种增加体重的食谱：

1. 白菜丸子汤

（1）材料：牛肉(肥瘦)200 克、小白菜 200 克、粉丝 150 克、色拉油、香油、盐、淀粉(玉米)、绍酒、胡椒粉、味精。

（2）具体做法是：

①将牛肉剁成糜，加入盐、淀粉和绍酒拌匀，搅打一下，挤成肉丸。

②将小白菜洗净，切成粗丝，用热水将粉丝泡软，再用冷水冲凉待用。

③将小白菜放入抹过色拉油的大碗中，加盖高火蒸 4 分钟。

④加入粉丝、热高汤、肉丸子、胡椒粉、精盐、味精，加盖高火煮 10 分钟，之后淋上芝麻油即可。

2. 尖椒小炒肉

（1）材料：五花肉 500 克、香干 150 克、青红尖椒、盐、大葱、姜、甜面酱、豆瓣辣酱、酱油、白砂糖、大蒜(白皮)、植物油、米酒。

（2）具体做法是：

①将整块五花肉抹上米酒、盐、葱段和姜片。

②加盖或封上保鲜膜，放入微波炉，高火加热4分钟；取出待凉；切薄片。

③豆干切片、青红尖椒切段。

④放油热锅，爆香蒜蓉，依次放入肉片、尖椒、豆干、甜面酱、豆瓣辣酱、酱油、糖、水，翻炒几下出锅。

3. 清炖羊肉汤

（1）材料：羊肉(瘦)500克、萝卜200克、姜、花椒、盐、味精。

（2）具体做法是：

①将羊肉反复漂尽血水，放入沸水中，焯一下，洗净。

②萝卜改刀成小一字条。

③将羊肉放入洗净的锅里，掺清水，将锅放到旺火上，烧沸。

④打去浮沫，放入姜、料酒和花椒，移至小火上，炖至七成熟。

⑤把肉捞起，改成中一字条，再入锅，同时放入萝卜，炖至肉软。

⑥捞出姜和花椒，加入盐和味精，起锅，即成。

4. 清汤猪皮

（1）材料：猪皮350克、葱段、姜片、葱姜丝、花椒、大料、精盐、木耳、新鲜蔬菜。

（2）具体做法是：

①猪皮洗净，切成方片，放入沸水锅中，汆一下，捞出洗净。

②放入净锅中，注入清水，加葱段、姜片、花椒和大料，用旺火烧沸；改用小火煮约1小时；待猪皮烂熟时，捞出，控水备用。

③将木耳去根，洗净，撕成碎片；将新鲜蔬菜洗净，切成小段。

④用净锅，注入清水，倒入猪皮、木耳和蔬菜，加入葱姜丝和精盐，用旺火烧开；撇去浮沫，用小火煮一会儿；加味精，滴入香油，即可。

·第八章·
饮食秘方：美丽也要吃出来

◎少女的健身饮食规划

女性与男性存在先天上的差异，如女性的骨骼肌率比男性低，女性的皮下脂肪、脂肪比重、体脂指数、腰臀围都要比男性高……这些先天差异让女性对运动及营养有着更高的需求。所以在饮食方面更要注重，做好健身饮食规划异常重要。

1. 补充柠檬酸及维生素

运动时，要至少喝白开水或矿泉水250～500毫升，不要喝咖啡、茶等利尿性饮料，以免过度脱水；同时，要补充柠檬酸，以略带酸味的水果为主，如柳橙、苹果、奇异果等。柠檬酸有助于促进肝的再生，还能适度补充维生素 B_1、B_6，协助镇定肌肉神经，避免出现抽筋现象。

2. 及时补充骨质

女性的皮下脂肪、脂肪比重、体脂指数、腰臀围比都比男性高，而骨骼肌率又比男性低，因此只能依靠运动来提升基础代谢率。比如：慢跑、游泳都可以达到效果。

女性25岁后，肌肉就会开始流失，对于先天肌肉量就比男生少的女性来说，维持肌肉量就比较困难了。为了保持肌肉量及运动后的修护，运动后30分钟到一小时内，要适度补充瘦肉、牛奶、香蕉、鸡蛋等优质蛋白质与碳水化合物。

第九章

健身塑形：好身材，更自信

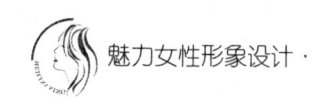

◎瑜伽不仅可以塑造外形，还能改变心态

瑜伽是生理上的运动，也是心灵上的练习，最终能达到控制自我身心的目的。女性坚持进行瑜伽体位法的长期操练，可以使胸部更加健美，曲线更加分明；可以使腰部柔软有力；能够避免臀肌下垂，减少身体多余脂肪，有效减肥；可以增加腿筋弹性，使腿更加修长美观。

瑜伽是通过梳理人体中的气流来达到调节心绪的目的，能够让人心情趋于平静，驱走烦躁，提升个人的观察力和判断力，让女性变得更加睿智聪慧，自信心更强。

一、瑜伽能带给女人什么

瑜伽对于女人的好处主要体现在：

1. 不过分依赖他人

练习瑜伽的人，因为想要平静，所以更独立。她们懂得通过自己的努力去争取自己想要的东西，不会太过依赖他人。

2. 遵从本心，享受生活

练瑜伽的女性，懂得和他人平等相处，能够平等和谐地对待他人。这种生活也更宁静。

第九章
健身塑形：好身材，更自信

3. 敢于自嘲

练瑜伽的女性，不会自卑，敢于自嘲。在她们眼里，困难根本就不算什么，她们更懂得解决困难，即使解决不了，也能勇敢面对。

4. 不会无理取闹

练瑜伽的女性，每天都想着瑜伽，似乎没有时间制造麻烦；即使心有不满，也会直接说出来，不会扭扭捏捏。如此，生活就减少了摩擦，增加了和谐。

5. 热爱美食

练瑜伽的人热爱美食，对于美食的追求是孜孜不倦。因为她们懂得，瘦不是身材，线条才是王道。她们会选择适合自己的美食，不会随意乱吃。如此不仅能吃出健康，还能吃出美。

6. 柔软身体

瑜伽能够锻炼女性身体的柔韧度，让你感受到什么叫做"女人是水做的"。通过长时间的瑜伽练习，身体就会变得异常柔软，每个动作、每个体态都变得柔美动人，怎么能不吸引男性的目光？

7. 开心笑起来

练瑜伽是一件很简单很自然的事，很容易得到满足，当你和同伴在一起练瑜伽时，总能欢声笑语。因为瑜伽不会让你感到痛苦，反而会给你带来不断的惊喜和进步，使你收获足够的欣慰和自信。

8. 遇事冷静

练瑜伽的女性需要安静地思考问题，如冥想时，可以充分利用这段时间使得自己的身心得到平静，因此遇到问题时，会比别的女性更冷静。女性都希望自己每分钟都能和爱人在一起，瑜伽能够赋予你足够的冷静，使你和爱人保持适度的距离感。

二、何时做瑜伽最好

瑜伽何时做最好？最合适的时间是夏秋季节的早上5点左右。这时候，空气清新，周围几乎没有噪声，经过睡眠，身体机能充沛。这时候最适合做瑜伽。

晚上睡觉之前的半小时，也适合做瑜伽。但是，动作幅度不能过大。因为经过一天的劳累，身体需要充分休息，只要简单做一些轻柔动作即可，时间不能太长。

做瑜伽其他适合的时间就是，保证肚里的饭是最少的。要等到饭菜消化得差不多了，一般是3～5个小时，才能开始做。其实，更为具体的练习时间是，早晨太阳出来以前，中午太阳到头顶时，晚上日落以后，凌晨入夜12点时。

三、女性学瑜伽的最佳年龄

瑜伽对任何年龄的人都有帮助，如果你年轻有活力，瑜伽能让你维持青春活力；如果你年岁较长，瑜伽使你看起来比实际年龄更年轻，更有活力。步向中年或已在中年的女性，如果想重拾青春活力，希望看起来年轻，就可做做瑜伽。事实上，年龄越大，对瑜伽就会越热衷。

四、练习瑜伽的注意事项

不同时间要练习不同的内容，如早晨多练习体位法，中午多练习庞达，晚上多练习冥想等。练习者应选择对自己最为方便的时间，争取每天都在同一时间内练习。

练习瑜伽时，身体要保持正常和安静状态，如果身体感到不适或生病了，尽量不要练习过于强烈的项目，也可以暂停。虽然要多练习瑜伽，但不能超出身体的承受能力。

·第九章·
健身塑形：好身材，更自信

◎跳绳是适合女性的有氧运动

跳绳取材方便，方法简单，且不受活动场地、气候条件的限制，还能自行调节运动量，作为体育运动之一，非常适合女性朋友。

一、女性跳绳的好处

如今，跳绳之所以会受到女性的推崇，主要是因为它具备众多优点：

1. 简单易行

跳绳花样繁多，可简可繁，随时可做，一学就会，适合在气温较低的季节运动，而且最适合女性。从运动量来说，持续跳绳10分钟，与慢跑30分钟或跳健身舞20分钟相差无几，是耗时少、耗能大的一项有氧运动。

2. 锻炼多种脏器

跳绳能增强人体心血管、呼吸和神经系统的功能。研究证实，跳绳可以预防诸如糖尿病、关节炎、肥胖症、骨质疏松、高血压、肌肉萎缩、高血脂、失眠症、抑郁症、更年期综合症等多种疾病；对哺乳期和绝经期妇女来说，跳绳还兼有放松心情的积极作用，有利于女性的心理健康。

鉴于跳绳对女性的独特保健作用，法国健身专家莫克专门为女性健身者设计了一个"跳绳渐进计划"：

初学时，每天仅在原地跳 1 分钟；3 天后，每天可以连续跳 3 分钟；3 个月后，每天可以连续跳上 10 分钟；半年后，每天可以实行"系列跳"，如每次连跳 3 分钟，共 5 次，直到一次连续跳上半小时。一次跳半小时，相当于慢跑 90 分钟的运动量，是标准的有氧健身运动。

二、跳绳的方法

跳绳的方法主要有：

1. 单脚屈膝跳

具体方法是：右腿屈膝，向前抬起。踮起脚尖，单脚跳 10～15 次，换左腿重复上述动作。休息 30 秒钟，每侧各做 2 轮。

2. 分腿合腿跳

具体方法是：先做跳绳准备运动，然后跳绳。跳跃时双脚叉开，着地时双脚并拢。重复动作 15 次。

3. 双臂交叉跳

具体方法是：绳子在空中时，交叉双臂；跳过交叉的绳子后，双臂反向恢复原状。

4. 侧身斜跳

具体方法是：两人一前一后站在跳绳的左右两侧，先侧身单脚越地过跳绳向前跳，然后斜身跳回原位。跳 1 分钟之后休息 10 秒钟，重复练习 2 次。

5. 绕旋跳

两人跳绳练习方法为：一人叉开两腿蹲下，甩动绳子使跳绳在地上画弧线；另一人不断地从甩动的绳子上跳过去。速度逐渐加快，1 分钟后两人交替。

·第九章·
健身塑形：好身材，更自信

6. 侧脚跳

具体方法是：两只脚各跳 15 次。非初学者可以练习快速跳绳，即绳子从脚下滑过时连跳 2 次。练习时，脚不要抬得太高、太慢，否则容易被绳子绊住。

7. 简单跳绳法

具体方法是：双脚并拢，进行弹跳练习，2～3分钟(弹跳高度为3～5厘米)。

初学者，可以先跳 10～20 次，休息 1 分钟后，重复跳 10～20 次。

非初学者，可以先跳 30 次，休息 1 分钟后，再跳 30 次。

8. 双人跳绳

具体方法是：

（1）并排站立的姿势。每人用外侧的一只手握住绳柄。先开始练习简易跳绳法，两人同时用双脚跳绳，然后练习同时用单脚跳绳。

（2）一前一后的站立姿势。身高者站在后面，并挥动跳绳。

三、跳绳减肥的注意事项

要想将跳绳的作用发挥到极致，就要注意下面一些事项：

1. 场地不能太硬

跳绳时，可以选择软硬适中的草坪、木质地板和泥土场地，不要在水泥地上跳绳，以免扭伤脚踝。

2. 过度肥胖不能跳绳

跳绳是一项比较剧烈的运动，体重过重的人最好不要跳绳，可以采取其他比较缓和的运动，以免膝关节受损。因为肥胖的人在跳跃时，很容易对腿部关节或踝关节造成压力，导致运动损伤。

3. 跳完后做伸展运动

跳绳后，不要立刻停下来，要继续放慢速度跳或步行一段时间，让心跳逐渐恢复正常，才能停止下来。之后，最好再做一些伸展缓和的动作。

4. 循序渐进进行

为了避免运动伤害，为了减轻心肺的负荷，最好循序渐进地练习。跳绳的速度和时间，也要根据个人情况来定。开始每次运动时间 5～10 分钟即可，然后再逐渐延长时间。时间不能太长，跳 2～3 分钟，要休息一下。

5. 姿势要正确

正确的跳绳姿势有：①跳绳要维持平稳，有节奏地呼吸。②身体上部要保持平衡，不能左右摆动。③人体要放松，动作要协调。④开始的时候，双脚同时跳，然后过渡到双脚交替跳。⑤跳绳不要跳得太高，绳子能通过即可。⑥尽量选择双脚同时落地或跑步跳的模式。⑦跳绳时，要放松肌肉和关节。⑧脚尖和脚跟用力要协调，要用前脚掌起跳和落地，不要用全脚掌或脚跟落地，减少脑部的震荡。

·第九章·
健身塑形：好身材，更自信

◎要塑形，常游泳

游泳是一种有氧运动，长期游泳有利于塑造身形，不仅可以减肥健身，还能增强抵抗力和免疫力，减轻工作压力。多数女性之所以喜欢游泳，主要原因是可以减肥，让体形更加完美。

一、女性长期游泳的好处

长期游泳，对女性的好处主要表现在：

1. 增强身体抵抗力

长期进行游泳锻炼，能够增强体质，提高免疫力，从而预防疾病的发生；同时，选择蛙式或者蝶式游泳，需要用到大腿和骨盆腔的肌肉，长期进行这两种游泳运动，有利于防止子宫脱垂、膀胱下垂等疾病。

2. 让体形更完美

游泳时，几乎需要调动全身上下所有的肌肉，长期坚持，就能让身体肌肉得到很好的锻炼；同时，游泳属于有氧运动，能够更多地消耗身体热量，燃烧脂肪，减少身体多余的赘肉，塑造完美体形。

3. 提高心肺功能

长期进行游泳，能够提高心肺功能。因为在游泳时，身体需要进行大

量的气体交换,还需要更快的血流量,如此就能锻炼心脏的泵血能力和肺活量。尤其是肺活量的锻炼效果会更加显著。

4. 保护脊椎

长期游泳对于脊椎有按摩作用。走路时,由于身体自身的重量,脊椎要承受压力,而游泳中身体会受到水的浮力,运动时脊椎处于无压力状态,就能让脊椎肌肉得到锻炼,能够更好地维护脊椎的稳定,保护脊椎。

5. 增加抗寒能力

身体皮肤毛细血管受到冷水刺激时,会出现收缩;运动时,皮肤毛细血管因为缺氧会造成血管扩张。游泳需要经历反复的收缩和扩张,可以让神经系统支配皮肤血管扩张和收缩变得更加灵活,还能增强人体对温度变化的适应能力,增强抗寒能力。

二、3个时期不要游泳

夏季天气炎热,很多女性都喜欢去游泳,但有几个时期是需要多加注意的。

1. 排卵期不能游泳

排卵期,尤其是在卵子排出的前1天和当天,都不能游泳。为了排放卵子、迎接精子的到来,分泌物会变得较为清稀,抵抗细菌的能力相应减弱,此时进入游泳池游泳,很容易造成阴道感染和发炎。

2. 有感染症状时不能游泳

患有阴道炎、急性宫颈炎、急性盆腔炎、泌尿道感染的女性,最好不要游泳。一则池水中的细菌进入阴道,容易加重自身的病症;二则如果患有传播性妇科炎症,很容易传染给其他人;三则如果患有的是非传播性妇科炎症,更容易被传播性妇科炎症的患者所传染。

·第九章·
健身塑形：好身材，更自信

3. 经期不能游泳

在月经期间照样游泳，大错特错。虽然阴道本身具有自净能力和自然防御功能，但在月经期，女性抵抗力相对减弱，在不清洁的水域游泳，含有病原微生物的水就会进入阴道、子宫和输卵管等生殖器官，引起细菌性阴道炎、输卵管炎等妇科病。

有些女性认为，只要放上卫生栓，经期照样可以游泳。这种方法不可取。因为经血是病菌繁殖的良好培养基地，且经期的子宫是开放的，卫生栓被水浸湿后，病菌很容易通过吸附经血的棉层进入体内，造成生殖系统感染。同样，冷水刺激，还会引起月经失调。

三、游泳的注意事项

游泳的时候，要注意下面几点：

1. 身体检查

在游泳时，人所消耗的体力要比平时多八倍，所以游泳前要做好身体检查。比如：患心脏病、活动性肺结核、肝病、肾病的人，不能参加游泳；患红眼病、传染性皮肤病的人，也不要游泳，以免互相传染。

2. 热身运动

下水前，要先在岸上做热身运动，突然进行较剧烈运动，很容易使肌肉受伤或发生其他意外。比如，可以进行高抬腿、蹲下起立等四肢运动。

3. 预防措施

为了减少意外的发生，跳水时，一定要摸清水深和水下的情况；同时，要保护好耳朵，耳朵一旦遭到强烈的打击，鼓膜会往里凹陷甚至破裂，造成耳聋。如果鼻子里进去水，不要捏紧鼻子用力擤，否则容易将水从鼻咽腔通过耳咽管挤到中耳里，发生中耳炎。游泳后，要用干净水把全身再冲洗一遍，以免传染疾病。

◎骑自行车的记忆，确实很美

如今，很多女性出行都会骑自行车，既环保又健身。

一、女性骑自行车的好处

骑自行车，可以给女性带来以下几方面的好处：

1. 简单省钱

骑自行车不需要刻意准备，简单易行。而且，自行车很便宜。买一辆汽车的钱，足够买很多辆自行车。

2. 减肥瘦身

骑自行车时，人体进行的是周期性的有氧运动，可以消耗较多的热量，长期坚持，就能收到减肥效果。

3. 提高性功能

每天骑自行车4～5千米，可以刺激人体雌激素的分泌，增强性能力，有助于夫妻间性生活的和谐。

4. 开发大脑

自行车运动是异侧支配运动，可以提高神经系统的敏捷性。两腿交替蹬踏，能够使左、右侧大脑的功能同时得到开发。

第九章
健身塑形：好身材，更自信

5. 安全环保

如今空气质量越来越差，很重要的原因就是汽车尾气的大量排放，骑自行车则完全没有尾气，可以为蓝天工程做点贡献。

6. 放松压力

经常骑自行车，可以减轻心理的压力，可以防止心情沮丧等问题。特别是在进行户外骑行时，不仅可以沿途欣赏一些景观，还能结识到志同道合的朋友。

7. 强身健体

骑自行车，不仅可以燃烧脂肪，达到减肥的目的；还可以让这些部位的肌肉得到锻炼，让肌肉更具有力量和弹性。另外，在骑车过程中全身血液循环会变得更加流畅，身体也会越来越强健。

二、骑自行车的小技巧

骑自行车的时候，要掌握下面几个小技巧：

1. 调节脚踏松紧

不同的脚踏，松紧也是不同的，要自己做些小研究。当然，调节时还要适当地放松一点，以免骑行费力。

2. 变速器安装到位

不调节好变速器，骑行时很容易出现问题。正确调节变速，能够增加传动系统工作的高效性，骑行就会更有自信；如果遇到爬坡，这一点就更有用了。

3. 降低车头位置

较低的车头更符合空气动力学原理，如果不想花大价钱去买一辆具有这种特点的自行车，就将车头调低一点，用更符合空气动力学原理的俯身

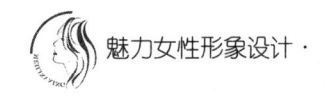

动作骑行。

4. 检查胎压

轮胎太软会导致阻力太大，为了保证平均速度，需要用更大的力气去踩踏。所以，骑行前，打气时最好控制在90PSI左右，虽然不能保证更快的骑行速度，但至少能增加附着力，更容易操控转弯，更舒适，缓解长途骑行时的疲惫感。

5. 保持干净

骑着干净整洁的车子上路，链条和走线上不会堆积太多的泥垢和污渍，能让你心情愉悦。毋庸置疑，干净整洁的自行车骑起来会更快更轻松。因此，每次骑行完毕，要花5分钟时间擦一下自行车，每周做一次大清洁。千万不要等到自行车脏得不行了再去处理。

6. 润滑链条

润滑过的链条有助提高骑行的速度，润滑链条能够让传动系统工作更高效，踩踏就容易多了；同时润滑过的链条在潮湿的天气，也不会沾染过多的污垢。但润滑链条也不是使用的润滑剂越多越好，要慢慢地往链条里加润滑剂，同时转动曲柄；润滑后，要把多余的润滑剂擦掉。

7. 坐垫高度调节到位

这点听起来很容易做到，但令人惊讶的是，很多经验丰富的人甚至是专业车手，坐垫高度也会调得太高或太低。不调节好坐垫高度，不仅骑着不舒服，还容易受伤，也会大大降低骑行踩踏的效果，骑行时就无法使上全身力气。事实告诉我们，中轴到坐垫顶部的距离应该是你的跨高再减去10厘米。因此，如果跨高是80厘米，坐垫高度就是70厘米。

8. 检查刹车是否调节到位

保证刹车没有问题，看起来似乎对更快地骑行没什么作用，但在通过

第九章
健身塑形：好身材，更自信

控制刹车顺利转弯时，就能节省很多时间，从而增加骑行速度。尤其是，遇到上下坡或一些有难度的路况时，效果会更加明显。冬天骑行，刹车更容易损坏，一定要确保刹车是正常的。可以检查一下刹车导线，看看它们有没有刮痕或磨损的迹象。

三、女性骑自行车注意事项

为了预防骑自行车引起的不适，必须注意以下几点：

（1）骑车时间较长，要变换骑车姿势，使身体的重心有所移动。

（2）初骑变速车时，速度不要太快，时间也不要太长，待身体适应后再加速和加时。

（3）如果车座太硬，可用泡沫塑料做一个柔软的座套套在车座上。

（4）如果车座太高，骑车时臀部会左右搓动，容易造成擦伤；若车座前部上翘，容易损伤会阴。

（5）骑车时，发觉会阴部有不适症状，要及时检查。如果是车座有问题，要及时排除或改进，并要注意休息，症状消除后再骑车；若不能消除症状，应到医院请医生检查治疗。

◎健步走是一项有效的心肺练习

随着运动风潮的盛行,健步走也成为大众最青睐的运动,在任何时间和地点,只要自己愿意,就可以进行。健步走是一项以一定的姿势、速度,介于散步与竞走之间的一种户外运动,不需要太多繁复的运动装备,就能达到锻炼身体的目的。

一、健步走前的准备

健步走前的准备工作要细致:

(1)穿一套舒适的运动装,让自己的心情和身体放松,从繁忙的工作中走出来。

(2)选一双合脚的软底运动鞋,专门的跑鞋更好,可以缓冲脚底压力,防止不太运动的关节受到伤害。

(3)准备一壶清茶水,可适当加些糖、盐。清茶能生津止渴;糖、盐可防止流汗过多而引起体内电解质平衡失调。

(4)选择一条合适的运动路线,如公园小径、学校操场、住所附近,甚至上下班途经的小路。运动中人体耗氧量会增加,如果空气不好或有废气等污染物,会适得其反。所以,要选择人流量少、通风、空气好、远离

·第九章·
健身塑形：好身材，更自信

汽车的地方。

二、健步走要分三步进行

健步走看似是一项简单的运动，同样需要热身运动和整理运动，讲究运动时间和运动强度。

（1）热身运动。在健步走前5～10分钟，以每分钟80～100步的速度步行，做好热身去运动。

（2）整理运动。中等强度健走后，不要立刻停下，可以放慢速度走5～10分钟，或做5～10分钟的拉伸锻炼。

（3）中等强度健步走。热身运动后，以每分钟120步的速度步行30分钟，让身体出汗，呼吸加快，心率达到170（青年人）。达不到上述标准，就没有达到中等强度有氧运动的标准。

三、健走姿势的口诀

健走的姿势也是有讲究的，牢记下面16个字，就不会走错步了：挺胸收腹、大迈双腿、调整呼吸、高摆双臂。

（1）挺胸收腹。有利于保持脊柱生理曲线和呼吸通畅。

（2）大迈双腿。迈开大步，根据每个人身高和体质的差异，每步60～70厘米。

（3）调整呼吸。在行走中，要加深呼吸，增加肺通气量，使肺功能得到锻炼，提高心肺耐力。

（4）高摆双臂。与迈开双腿相呼应，大跨步，双臂自然摆起，如果直臂摆，摆至与地面平行；如果是曲臂摆，手部要达到下巴的高度，双臂要

前后摆。

四、健步走的技巧

想科学有效地进行健步走,需要掌握一些健步走的实用技巧,帮自己达到事半功倍的锻炼效果。

(1)行走时,摆臂是人与生俱来的反应,多数人都是直臂摆手。而在健步走过程中可以选择曲臂摆手,因为直臂摆手在行走中离心力太大,手臂血液回流不顺畅,会出现酸痛、胀麻等情况;而曲臂摆手则可以避免这一问题。在行走摆动过程中,手臂沿身体侧边呈前后摆动趋势,摆动幅度越大,越能够达到锻炼上肢的目地。

(2)每个人的身高不同,步幅大小也不一样,所以要调整合适步幅的大小。步幅过小,会导致小腿肌肉过粗,小腿出现酸痛的现象;步幅过大,会对膝关节造成较大的冲击力。为了应对步幅大小的问题,可以按照公式:身高×(0.45~0.5)=步幅,享受健步走的运动乐趣。

(3)健步走时,很难做到脚步较为完整地离地。在行走时,可以先让脚后跟着地,再过渡到脚前掌蹬身离地,保持一定的行走频率。通常,女生80~120步每分钟为宜。

五、要避开的错误做法

健步走,不仅能放松心情、提高心肺功能,还能享受大自然的美丽风景,但是健步走你走对了吗?为了减少错误,就要避开常见的几个错误做法。

(1)负重行走。双肩背着重物走路,膝盖承受过重,容易受伤。因

第九章
健身塑形：好身材，更自信

此，最好不带物品，即使需要带，也要注意控制重量。

（2）好高骛远。开始锻炼时，忽视自己的体力，将目标定得太高，反而会造成负担。因此，每天快走30分钟，以身体微微出汗为宜。

（3）不收小腹。走路时大口大口地喘气，不但走路感觉吃力，也会影响保健的效果。因此，健步走时要气沉丹田，收紧小腹，随运动的频率慢慢舒展。

（4）带着耳机。电子设备会分心，容易造成交通事故，因此健步走时尽量不要带耳机。如果一定要带，也要把声音控制好，起码要能听到旁边人的正常讲话声音。

（5）肢体乱扭。有人喜欢大幅度晃动手臂，但如果无法长时间保持一个姿势，反而会降低锻炼效果。因此，健步走时，手臂要自然放松，前后摆动不要比肩高；腿部要自然用力。

（6）腰背不直。开始时会抬头挺胸，但是慢慢地就会变得"腰弯背驼"，长期下来，肩颈难免就会感到酸痛不适。因此，走路要身体端正，颈椎、脊椎呈一条直线，目不斜视，肩膀放松。

（7）即停即走。没有热身运动就出发，容易拉伤肌肉；突然停止，血液未回到头部，容易头晕。因此，要慢慢起步，等足部有些发热，再加速；到终点时，要慢慢减速，不要立刻停止。

◎搏击运动，让全身动起来

一、搏击运动的好处

搏击，可以带给女性的好处有：

1. 综合性高

不同于传统健身分躯体锻炼的方式，搏击健身能够最大限度地调动身上各部位的肌肉。

2. 发展心智

搏击绝不是"头脑简单，四肢发达"，它能四两拨千斤。面对不同的对手，需要制定不同的战略，会让一个人的身心变得更加敏捷。

3. 实用性强

传统健身只能在一定程度上提高人的体能，或锻炼人的形体美，而搏击健身从零基础开始就具有攻击性和防卫性，练习搏击，不仅能增强体质，还能攻防有术，保护自己及家人朋友。

4. 趣味性强

搏击运动抛弃了传统健身的单一方式，将拳击、散打、巴西柔术、摔跤、传统武术等技术动作很好地糅合到一起，再配以强劲和不同节奏的音乐，更显张弛有度，大大提高了健身的趣味性。

二、搏击的基本拳法

搏击的基本拳法有：

（1）锤拳。拳微外旋上举，由上向下呈半弧形斜下劈砸。

（2）翻背拳。翻背拳以拳背为力点，脚掌蹬地，上体稍转，以肘关节为轴，拳背领先，快速反臂鞭弹。

（3）勾拳。勾拳是在屈臂状态下的一种拳法。出拳时，要充分利用转腰、扭胯、摆臂的合力，膝要内扣，脚掌撑地发力，另一手保持防护姿势。

（4）直拳。直拳是有氧搏击操中最常用、最基本的拳法。出拳时，蹬地—转腰—顺肩—抖臂—出拳，爆发用力，一气呵成。另一手臂垂肘，微微上举，放到下颌侧面，成自护姿势。

三、搏击的注意事项

做搏击操的时候，要注意下面几点：

（1）不要在拥挤的房间内进行后踢的动作。

（2）热身时间要足够，否则身体得不到足够的伸展。

（3）击拳时，由肩部带动出拳；完成击拳和踢腿动作前，要一直看着目标。

（4）肘和膝部不能用力过猛，不要闪躲或猛击，以免由于动作过大而脱臼。

（5）腹部、下颚收紧，两手握拳于脸前（防御姿势），保持呼吸，不要

屏气。

（6）膝盖不要僵直，以减轻缓冲；转身时，抬起膝盖，否则会扭伤十字韧带。

（7）不要跟专业运动员一样进行长时间训练，应交替进行高运动量和低运动量的练习。

（8）发生以下情况，要停止练习，如腿部疲劳、人体局部出现痛状不适、眩晕、心率太快等。

（9）侧踢时，不要向前扭胯，否则会将压力集中膝部；绷脚尖会扭伤膝盖，应向脚尖方向扭胯，减轻膝盖的侧压力。

四、搏击训练中的禁忌

做搏击训练的时候，要避免下面几方面的内容：

1. 步法呆滞

要使用一定的战略战术，自由移动，避开对方的攻击，寻找时机。

2. 只攻不守

不注意防守技术的训练。只攻不守，是错误的搏击方式。学习搏击，要先学好防守，因为防守是进攻的基础与出发点。

3. 消极防守

一味躲避，无助于技术的提高，不能培养出无畏的气概与精神，切记：退是为了进，是为了寻找战机，是为了创造攻击的机会。

4. 防守动作幅度大

看到对方攻击，有些人会感到紧张、害怕，躲不开对方的攻击，而用力大幅度去拨，结果只是白费力气。其实，只要格挡身体切线之外、擦身而过即可。

5. 没有冷眼细瞧

防守中的正确方法是：冷眼细瞧，瞄准时机，快速进入反击状态。这时，不能有丝毫的畏缩，但也不能莽撞，要想把握战机，就要冷静地观察、准确地判断。

6. 不能适当放松

为了自始至终保持良好的竞技状态，做搏击训练的时候，要学会放松。因为只有在放松状态下出拳，才能充分发挥肌肉收缩的力量，产生强大的、富有弹性的迅猛爆发力。

五、搏击训练后的注意点

做完搏击训练后，哪些地方需要注意呢？

（1）不要蹲坐休息。搏击运动后，立即蹲坐下来休息，会阻碍下肢的血液回流，影响血液循环，加深肌体疲劳；严重时，还会产生休克。

（2）不要贪吃冷饮。搏击运动会让人大汗淋漓，消耗大量水分，运动后会产生口干舌燥、急需喝水的感觉，图一时凉快而喝大量冷饮，很容易引起胃肠痉挛、腹痛、腹泻并诱发肠胃疾病。

（3）不要立即吃饭。搏击运动时，特别是激烈运动时，运动神经中枢会处于高度兴奋状态，管理内脏器官活动的副交感神经系统会加强对消化系统活动的抑制。立即吃饭，就会增加消化器官的负担，引起功能紊乱，甚至引发多种疾病。

◎高山滑雪，提高灵敏度

滑雪是一项具有刺激性和挑战性的运动，对业余爱好者的力量要求并不高，重点是胆量、平衡性和灵活性；同时，又不像冰球那样过于冲撞和对抗，是一项可以从小玩到老的运动。而且，滑雪这项技能学会了就丢不掉，会伴随我们一辈子。

一、滑雪的好处

滑雪，可以给人体带来的好处有：

1. 增强心肺功能

滑雪也是一项有氧运动，能够增强心肺功能。在快速甚至疾速的运动中，更能锻炼心肺功能。

滑道通常都长达数千米，只有强大的肺活量和良好的心血管系统，才能保持较长时间的滑雪运动状态。此外，在滑雪场的冷空气中运动，也是对身体氧气运输系统的考验，无形中也锻炼了心血管缩张的能力。

2. 柔韧身体

滑雪是一项全身的运动，能对神经系统进行全方位的锻炼。滑雪不仅能带来速度享受，还能锻炼个人的平衡能力、协调能力和柔韧性。

滑雪的实质就是掌握平衡，在重心的不断切换中找到平衡点。与平衡能力密切相关的就是协调能力，只有充分协调好身体各个部位，才能取得最好的平衡效果。

滑雪过程需要身体各关节的配合，对头、颈、手、腕、肘、臂、肩、腰、腿、膝、踝等所有关节，都能起到良好的锻炼作用，能激活僵硬的身体，增强身体的柔韧性。

3. 缓解"冬季抑郁症"

到了冬天，有些人会变得忧郁、沮丧、易疲劳、注意力分散、工作效率低等，这种季节病就是"冬季抑郁症"。有关资料表明，常年在室内工作的人，特别是体质较差或极少参加体育锻炼的脑力劳动者，以及对寒冷较敏感者，比普通人更容易产生这种不良症状。

要想改变低落情绪，最基本的方法就是活动，尤其是室外活动，室外滑雪更是对症下药。滑雪结束，人们会感觉卸下了很多心里包袱，特别是快速滑下时，那种轻松感更是无法用语言形容的。

二、滑雪需要的技巧

滑雪的时候，要掌握下面几个技巧：

1. 防止冻伤

为了自己不被冻伤，要选用保温效果较好的羊绒制品或化纤制品，对手、脚、耳朵等部位进行保温。

2. 补充饮食

冬季寒冷、干燥，人体水分散失较大，加上室内温度太高，人的内火较旺，因此要多饮水；同时，还要适当补充一些水果，如橙子、鸭梨等。提前准备点润喉片，也是一种好办法。

3. 防止身体进雪

滑雪时难免会跌倒，不穿专用滑雪服，跌倒后雪会从脚脖子、手腕、

领子等处钻进衣服中，为了解决这个问题，就要准备一副护膝、一副宽条松紧带、一条围巾。用宽条带尼龙贴扣的松紧带将滑雪手套腕口紧紧扎住，雪就进不去了；用围巾将领子与脖子之间的空间稍加填充，保证雪不会进入领口，还能起到保温的作用。

4. 选择内衣

处于运动状态时，身体会排出很多汗液；处于停止运动状态时，热量和汗液的排放就会减少很多。因此，贴身内衣最好不要使用棉制品，因为棉制品吸水性较好，会大量吸收人体排出的汗液，且很难在短时间内挥发掉，会使人产生寒冷的感觉。可以贴身穿一件带网眼的尼龙背心，同时在外面套上一件弹力棉背心，让身体排出的汗液透过尼龙背心吸附在弹力背心上。

5. 保护皮肤

雪面上强烈的紫外线会灼伤皮肤。为了防止水分的流失和紫外线对皮肤的灼伤，可选用一些油性的有阻止水分流失功能的护肤品，然后再用防紫外线效果较好的具有抗水性的防晒霜涂在皮肤上。如果滑行中感觉冷风对脸部的刺激太厉害，可选择一个只露出双眼的头套，再加一个全封闭型滑雪镜，将面部完全罩住，能有效阻止冷风对面部的侵袭。

6. 选择滑雪镜

雪地上阳光反射很厉害，再加上滑行中冷风对眼睛的刺激，应该选择全封闭型滑雪镜。这种镜子从外观上看类似潜水镜，但不会将鼻子扣在内，外框由软塑料制成，能紧贴面部，防止进风；镜面由镀有防雾防紫外线涂层的有色材料制成；在外框的上檐，有透气海绵制成的透气口，能让面部皮肤排出的热气散到镜外，保证镜面可视效果的良好；选择滑雪镜时，应选择镜框厚一点的，以便将眼睛全部罩住。

·第九章·
健身塑形：好身材，更自信

◎健身运动的三大原则

原则一：明确训练目的

只有知道病根，才能对症下药，这句话放在健身上同样适用。如果连自己的训练目的都不知道，基本上就是瞎练。举几个例子：

如果喜欢打篮球，想通过打篮球提高灵活性和弹跳力，就要先进行基础力量、弹跳训练、变速跑、变向等专项训练。

如果想跑马拉松，提高心肺耐力，要安排基本的长跑和辅助肌群训练。

如果想通过健身提高力量素质，就可以安排"力量举"或"举重"项目。基础的力量训练，包括深蹲、硬拉、挺举、抓举、推举、卧推以及各种辅助肌群训练等。

如果想通过健身让身材变好点，就要考虑体脂率和肌肉量。练身材，最有效率的训练就是"健美训练"了，要分化肌群，把身体拆成几个部分循环进行练习。

如果想通过运动来减肥，训练计划就应该侧重"做功较多，消耗较大，持续时间较长"的训练组合。

原则二：重视热身与拉伸

到了健身房，很多人什么热身也不做，就急不可耐地打开跑步机开跑

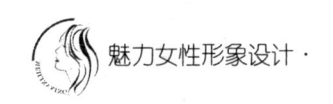

或扛起杠铃训练；练完时，也不拉伸，直接冲澡回家。这样的训练并不完整，坚持这样做，会给你带来长期的伤病困扰。

热身与拉伸是健身训练中非常重要的一部分，目的是渐进性地降低肌肉粘滞性，提高伸展性和弹性，为接下来的训练做好准备。热身和拉伸至少要占到训练总时间的 20% 甚至更多。

举个例子：跑步。在正式跑步前，需要小跑或原地热身 5～10 分钟，简单地拉伸一下股四头肌、腘绳肌群、小腿肌群和腰背肌肉，充分预热，活动开髋关节、膝关节、踝关节、肩关节和腰部；然后，做几组深蹲，最后开始正式跑步。完成跑步后，快走 3～5 分钟，等呼吸均匀、不气喘了，再进行一次拉伸，这次拉伸的时间要比跑步前长一些。

一次完整的训练应该是这样的：

步骤 1：简单拉伸。拉伸部位以具体的训练项目为准，如果练腿，主要拉伸的就是腿部。

步骤 2：热身。热身方式要以具体的训练项目为准，包括活动开关节和预热肌肉群。如果想跑步，热身可以是速度较慢的小跑；如果是力量训练，热身就应当是负重较轻的几组渐增重量的训练。

步骤 3：正式训练。如果不是持续性的训练，休息期间也能适当进行拉伸。

步骤 4：整理活动。呼吸平复后，重点拉伸。如果条件允许，也可以找人做下按摩；没人的话，使用"泡沫轴"等工具辅助按摩，效果不错。

原则三：进行全面训练

这里的"全面"的意义主要包括两方面：

·第九章·
健身塑形：好身材，更自信

1. 训练方式要全面

所谓的训练方式的全面性就是指训练项目要多样化，不要局限于一种训练方式。举个例子，如果喜欢跑步，就要加一点力量训练。只进行有氧类训练，不仅会严重流失肌肉，还会因为肌肉力量不强而产生运动损伤。

训练方式要多样化，力量素质、心肺耐力、柔韧素质、灵敏素质等缺一不可。只不过根据个人训练的偏好，几种素质的训练比例有差异。如果喜欢耐力运动，如长跑、马拉松等，训练就要以有氧训练为主，力量训练为辅；如果你是力量训练爱好者，如举重、健美等，训练就要以力量训练为主，有氧运动为辅。

2. 训练部位要全面

训练部位的全面性是指，全身的肌群要均匀发展，不能只练习一部分。有些人锻炼的时候，只练上身，忽视了下身，结果上身很壮，下肢却是"小鸟腿"。只有保证全身肌群均匀发展，才能降低运动损伤的概率。

举个例子，如果常年只练胸背腿等大肌群，腹部练得少，最后可能导致骨盆前倾。人体前后可以简单理解为拉力平衡的两根橡皮筋，如果腰背肌群强，而腹部过弱，腰背肌群就会拉着你的脊柱向后倾斜，就会出现"挺大肚，撅屁股"的不良体态。全身各肌肉群全面发展，至关重要。

◎健身运动的禁忌

女性运动时，有些地方是需要忌讳的：

1. 不能不热身就锻炼

运动之前，需要先热身。不经过热身就开始锻炼，很容易拉伤肌肉。

2. 不能一边运动一边读书

运动和读书，其实很难兼顾。一旦运动后身体发热，根本无法静下心来看书。

3. 运动项目不要过于单一

运动项目过于单一，不仅会让身体的其他部位得不到锻炼，还无法让身材保持匀称。所以，运动一定要多元化。

4. 不要在空腹的状态下锻炼

刚起床就投入健身，或下班后直接开始锻炼，都是不正确的。这时候往往处于空腹状态，直接运动可能产生饥饿感，加快身体进入疲劳状态。

5. 不能缺少运动量

为了锻炼身体或者减肥，女性都热衷于运动，可是往往光有激情，运动量却不足。研究发现，女性如果想要锻炼小腹，每周要锻炼 3～5 次；而且，每次锻炼最好能维持 1 个小时。

·第九章·
健身塑形：好身材，更自信

6. 运动时不能只调动局部肌肉

为了运动时不让自己受伤，有些女性只会调动局部肌肉，并不会将全身肌肉都调动起来。其实，只有在进行强度较大的运动时才有可能受伤，所以千万不要因为害怕受伤而只调动局部的肌肉。

7. 不要直接进入强度训练阶段

刚刚加入健身行列的女性朋友，多数都怀着热情，尤其是当健身取得一点效果后，热情会随之增加，很容易急于求成，直接进入强度训练。这样做，只能让你精疲力竭，严重的还可能影响正常生活。

8. 不能不让身体充分休息

在锻炼时，休息也很重要。尤其是当身体经过剧烈的运动后，更需要一些时间恢复。所以，一周锻炼不要超过4次；同一天，不要一个部位多次剧烈运动；如果运动时产生了疼痛，就要立刻停下来休息。

9. 运动不能太剧烈

女性的体质没有男性强壮，选择过于剧烈的运动，超过了身体负荷，也许做一两次身体就承受不住了。而且在运动过程中，稍不留意，还会扭伤腰或脚裸等部位。所以，选择运动项目时，要量力而行。如果是小个子，就不要练举重，应该选择一些重量较轻的哑铃练一练；如果柔软度较差，就不要练习柔体瑜伽，可以做一些扩展运动。

10. 运动时不能忽视补水

运动时，不管运动量多大都会出汗。不及时补水，流失掉大量汗液，身体就会缺水。如果没有水分滋养，很多器官的运行就会受到影响，以致无法正常运转，最终让身体变得伤痕累累。同时需要注意的是，喝水要慢点儿，不要抬头大口猛喝；喝太多水后马上运动，很容易出现腹痛；隔断时间休息时，可以适当喝些水。

11. 不要强迫自己

有些女性喜欢和自己较劲，越是让自己犯难的事情，越想征服。但是在运动的时候，不能强迫自己完成不可能的动作或练习。不懂适可而止，反而会伤害自己的身体。如果想做一整套运动练习，无法一下子将所有的动作做完，既浪费时间，也会使身体承担过多的负荷。可以先练习一部分，等身体习惯了动作之后，一点点增加动作；完全熟练后，再做全部动作。

12. 锻炼时不注意程度

有些女性只要一锻炼起来就会忘记了一切，忽视了锻炼强度，等反应过来，却发现身体早已受了伤。因此，锻炼身体的时候，要考虑自己的身体情况，不能让身体负荷过重，要避免比较剧烈的锻炼。同时，一次性锻炼时间不要太长，要分时间段锻炼。

锻炼时，不需要百分百还原教练或视频上的教学动作，不能完全按照教程一步不差地做下来。只要觉得自己身体足够放松，出了不少汗，就可以了。

第九章
健身塑形：好身材，更自信

◎健身运动的四个误区

为了保持较好的身材，许多女性都会通过运动健身。可是，运动健身中存在很多误区，不科学的运动方式有害于健康，需要正确对待。不重视运动的科学性，不但事倍功半，达不到健身效果，还可能给健康带来危害，尤其是爱美的女性。因此，掌握科学的健身知识和方法，选择适合自己的锻炼方法尤为重要。

一、女性健身的误区

女性健身的误区主要有：

1. 一味追求运动时间

目前，有不少女性认为，无论塑身还是减肥，运动时间越长越好。错！运动时间太长，会严重透支体能，好身材不是一两天就能练出来的，必须持之以恒。

2. 一味追求骨感美

在以瘦为美的今天，不少女性对"骨感"的追求达到了极致。可是，如果只追求瘦而忽略其他，会严重伤害身体健康。女性健康身体的要素包括：力量、耐力、柔韧性、脂肪含量等，肌肉含量偏低，会导致骨质疏

松，容易运动损伤甚至骨折。

3. 锻炼缺少针对性

为了减少腹部脂肪，有些女性会拼命练习腹部，其他部位统统不管。如此，不仅减不掉腹部脂肪，还可能因为超强度训练造成腰部受伤。减脂运动主要是通过一定时间和一定强度的有氧运动和力量练习来消耗现有的脂肪，脂肪的消耗是全身性的，不是练哪减哪。

4. 担心练成肌肉男

练器械并不会让女性变成施瓦辛格，小重量、多次数的训练不但不会长过多的肌肉，还能减去多余的脂肪。随着年龄增长，肌肉含量会不断减少，常规无氧器械训练只能减缓肌肉损失；最重要的是，女性身体的雄性激素只有男性身体雄性激素的十分之一，绝不会训练得像男性一样肌肉发达，就算想要长肌肉都很困难。举重、摔跤女运动员的肌肉并不是一朝一夕练出来的，合理的器械训练只会使体形变得更美。

二、如何避免健身误区

健身的时候，如果不想走入误区，就要从下面几方面做起：

1. 找一个合适的伙伴

跟朋友一起去健身，有助于更好地执行健身计划。当然，并不是任何朋友都可以，这个朋友应该有着更高的健身自觉性。事实证明，有健身计划的人和初学者结伴健身，能比单独健身获得更好的健身效果，两人还能相互支持、相互鼓励，从群体责任感中受益。

2. 多种运动选择

对于某种健身运动的热情，女性可能会在几个月内消退，必须学会驾驭自己的运动热情。如果觉得自己没有了热情或无法提高了，就要立刻换一种运动形式。研究表明，人的身体会在几周之后适应某种运动形式。这段时间就是"运动周期"，过了这段时期，很难获得明显的效果，除非做出改变。

3.控制好锻炼时间

虽然健身时间越久，锻炼的效果越明显，但记住：质量永远比数量重要得多。其实，在健身房的时间还包括与朋友交谈、等待健身器械和等在饮水机前的时间。为了控制好时间，就要在健身之前做好规划，争取让身体的每块肌肉都得到锻炼。提高效率，挑战极限，将自己在健身房的多数时间都用在运动上。

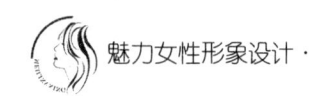

◎办公室简易健身操

生活中，一些白领会整天待在办公室，日常也没有时间去健身锻炼。久坐和保持一个姿势很容易对脊椎造成压力，导致局部肌肉疲劳，进而引发颈椎病、肩周炎、腱鞘炎、肌肉劳损等。为此，给大家介绍一套从欧美流传开来的办公室健身操，从中体会边工作边运动、修身、减压的乐趣。

一、系列健身

白领每天要工作 8 小时，身体肯定会有所酸痛，适合在办公室做的健身操如下：

8：30 活动筋骨。基本的动作要领是：坐直扭头。身体坐直，将一只手压在臀下，另一只手绕过头部紧贴耳朵，在手的带动下将头部贴近肩膀至最大位停留 15 秒，换另一侧交替进行。这个动作可以充分拉伸深层肌肉，清醒大脑。

9：30 为腹部充电。基本的动作要领是：坐椅控腹。将椅子拉到过道上，双手撑住椅边，用腹部力量控制身体不变形。保持时间越长越好。

10：30 扶墙下腰。基本的动作要领是：活动腰部，面对墙壁站立，双手扶墙下腰，至最大位停留 20 秒。缓慢进行，将注意力集中在后腰和肩

·第九章·
健身塑形：好身材，更自信

部，感受它们逐渐收紧。每次20秒，做3组。

11:30 喝咖啡，伸懒腰。基本的动作要领是：扶墙拉胸，侧面对墙。一只手轻轻扶着墙固定，向前迈一小步，拉动上身向前，让胸部肌肉拉伸，以便对胸、背、腰部都形成刺激。每次15秒，两侧各2次。

13:30 做好准备。基本的动作要领是：扶桌下蹲。背对台面，用两只手支撑台边，缓慢下坐，至上臂与地面平行。下蹲过程中胸、背都有强烈的拉伸感。在最大位保持10秒，共3次。

14:30 再次活动腰部。基本的动作要领是：扶椅下腰跟扶墙下腰几乎相同，但加入了可滑动的椅子，效果更好。应掌控好椅子的滑动，动作不要过猛。每次20秒，做3组。

15:30 打盹3分钟。基本的动作要领是：扶墙控腹。上臂支撑墙面，身体呈120度夹角，收腹。持续3分钟。

16:30 伸展髂腰肌。基本的动作要领是：坐姿伸展。将下身放到水平面上，用胸部紧贴大腿，手向脚尖方向伸展，来保护腰部、刺激腿部肌肉。每次20秒，做2组。

二、健身保健操

这里，介绍几套健身保健操：

1. 扩胸运动

基本动作要领是：直立，将两手在背后交握，两肩夹紧下垂，手臂带着胸部往上提升，越高越好。手臂上提时，要用鼻子吸入尽可能多的氧气，放下时用嘴呼气。该动作有助于告别鼠标手和背部劳损，走路时不再弯腰驼背，胸部也能扩大。

2. 腰腹减肥法

基本动作要领是：直立，两腿分开约 1 米，脚尖向前。深呼吸，缓缓将左手举过头，吐气，身体缓缓向右侧倾倒，右手放在右腿侧，正常呼吸，保持该动作 5～10 秒钟。深呼吸，缓缓将身体复位，吐气，放下手臂，放松。交换右手臂做同样的动作。该动作能坚实腹部和腰部，放松后背。

3. 森林式伸展颈部

基本动作要领是：直立，头部轻柔地倾斜向右侧，将右耳轻放于右肩上，用鼻均匀深呼吸；一分钟后，换另一侧练习。放松，调匀呼吸，配合冥想，把意念的画面由眼前单调的办公室切换到绿树清风的湖边，想象自己就是那个头戴花环、沐浴着湖风的女神，效果自然更佳。该动作能缓解颈椎疲劳，舒缓焦虑情绪。

4. 镇静交替呼吸法

基本动作要领是：坐直，将右手大拇指放在右边鼻翼，食指、中指放在鼻梁上，无名指放在左侧鼻翼。压住左边的鼻孔，抬起大拇指，用右边的鼻孔吸气 5 秒钟。放下大拇指，压住右边鼻孔，屏住呼吸 5 秒钟，然后放开左边鼻孔，吐气 5 秒钟。再用左边鼻孔吸气，用右边鼻孔吐气。该动作能够立刻镇定情绪、保持清醒的头脑。

第九章
健身塑形：好身材，更自信

◎做产后健身操

在月子里适当做一些产后体操，有助于恢复体形、体型。体操的重要性不亚于营养，可以使你尽早恢复全身肌肉的力量，提高腹肌及会阴部肌肉的张力，促进恶露的排出，预防子宫后倾、尿失禁、子宫脱垂等产后常见疾病。

多数产后妈咪，在最初的日子腹部看起来都会像 5 个月妊娠般大。因为子宫依然胀大，没有完全恢复。经过 3～18 个月的时间，子宫才会渐渐复原。但胎儿在子宫内生长发育时，腹壁肌肉会被过度拉长和伸展，会降低肌肉弹性，腹部肌肉也会变得松弛，不经过锻炼，腹壁肌肉的弹性就无法复原。为了使形体恢复得更好，最简单、最经济、效果最好、无任何副作用的方法就是，做有利于锻炼腹部肌肉的美腹操。

一、产后减肥进阶的时间

产后减肥是很多新妈妈的苦恼。只有减去怀孕时期增长的体重，才会减少未来变得超重或肥胖的可能性。新妈妈产后减肥应该把握好进阶时间：

（1）月子期间，不能减肥。
（2）产后 6 周，可以开始减肥。
（3）产后 2 个月，减肥循序渐进。
（4）产后 4 个月，加大减肥力度。
（5）产后 6 个月，减肥的黄金期。

二、产后减重的正确时机

如何来把握产后减重的时机呢？

1. 自然产的妈妈

坐月子后，产后的 1~2 个月，如果身体复原状况良好，就能开始减肥；产后 3 个月内，可以做重点式、轻微的运动，如骨盆腔底的肌肉收缩，可以预防尿失禁、收缩腹部和提臀。

2. 剖腹产的妈妈

根据产妇的伤口复原状况来定。必须等手术完的 24 小时、排气之后，才能下床走路，才能做些轻微的活动，要想减肥，最好是等产后 3 个月后，再开始实行。

三、产后减肥的最佳时期

瘦身黄金期是产后半年内。国外统计报告指出，两三个月至半年内是产后妈妈修复身材的最好时机，因为这段时间新妈妈的体内脂肪还处于游离状态，没有形成包裹状的脂肪。而且，这段时间减肥，皮肤弹性的修复难度会比较小。

产后两三个月，内分泌及新陈代谢逐渐恢复正常，选择正确的减肥方法，不但不会影响哺乳，还会让奶水更通畅。

四、产后健身，读懂自己最重要

产后瘦身不是单纯减脂，应该包括：体重降低、脂肪消除、饮食恢复、疏通经络等。更确切地说，产后减重，必须先了解自己的体质状况。产后妈妈在生理、心态上都与产前有了较大的改变，减重前最好先做一次健康体检，确定产后瘦身方式是健康的、安全的、可持续的；在产后瘦身的同时，必须关注自己的体质管理、肤质改善、亚健康管理、产后抑郁、产后心理疏导等问题。

第九章
健身塑形：好身材，更自信

◎春季健身运动

一年之计在于春，蛰伏了一冬的人们会在这个季节到户外进行健身运动。加强春季锻炼，可以强健体魄，保持旺盛的精力，还能抵抗春季的各种流行病。

刚刚度过寒冷的冬天，人体机能尚在恢复期，春季运动最好以"慢"为主打，以免造成关节损伤。在锻炼前，要先做热身操，尤其是要活动膝关节一两分钟，使关节得到放松。

项目1：慢跑。

慢跑能改善心肺功能、降低血脂、提高身体代谢能力、增强机体免疫力、延缓衰老等；还有助于调节大脑活动，促进胃肠蠕动，增强消化功能，消除便秘。春天慢跑，还能看到满眼绿色，有利于视力恢复。

项目2：骑行。

骑自行车能够增强人体肌肉耐力和心肺耐力。在骑行过程中，人体主要的肌肉群都要参与工作，不仅有助于消耗卡路里，还能增强心肺耐力。此外，骑自行车也有助于释放压力，放松自我。

项目3：伸懒腰。

经过一夜睡眠后，人体松软懈怠，气血流动缓慢，方醒之时，总觉懒散而无力。如果四肢舒展，伸腰展腹，全身肌肉用力，并配以深吸深呼，

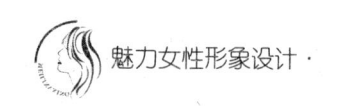

就能起到吐故纳新、行气活血、通畅经络关节、振奋精神的作用，伸懒腰还能解乏、醒神、增气力、活肢节。所以，春季早起要多伸懒腰。在办公室里工作时觉得累了，也可以伸个懒腰。总之，有意识地多伸懒腰，既有益身心，又经济实惠。

项目4：散步。

散步是一种值得推广的养生保健方法。不管多忙，当一天紧张繁忙的工作结束后，到街头巷尾走一走，可以很快消除疲劳。散步的过程中，腹部肌肉收缩，呼吸均匀，血液循环加快，就能增强胃肠消化功能。春季气候宜人、万物生发，更有助于健康。当然，散步也应量力而行，不要过度劳累。

项目5：垂钓。

春季的鱼最肥，正是垂钓好时光。垂钓，能去除杂念，平心静气，舒缓神经，对于高血压、神经衰弱、消化不良患者都有好处。

早春和仲春时节，乍暖还寒，多数鱼儿都会在中午前后暖和时露出水面。所以，应选择水面较小、水深在1.5米以下的坑塘，或水面虽大但有大片的向阳浅滩的地方，如果有水草或苇茬就更好了，这种钓场最适合春季下竿。

末春时节，气温上升较快，水草丛生，浮游生物大量繁衍，鲫鱼面临产卵，它们会成群结伙地游到岸边浅水区觅食、寻偶。这个季节应在水草边钓鱼，如果没有草，就找个石头，在旁撒饵投竿。

项目6：爬山。

爬山是一项极佳的有氧运动，以每小时2千米的速度在山坡上攀登30分钟，就能消耗约500千卡能量，相当于游泳45分钟所消耗的能量。需要注意的是，爬山之前要做准备活动，要让肌肉、关节活动起来；爬山结

第九章

健身塑形：好身材，更自信

束后，要做一些整理和放松活动。比如，下山后继续在平地上走大约 5 分钟；爬山过程中，心率保持在 120～140 次/分钟最为适宜。

项目 7：郊游。

外出郊游踏青不仅仅能够亲近自然、放松身心，还能够强身健体，赶走春困。

踏青郊游适合每个人，运动负荷强度完全可以根据个人的情况来制定；时间长短要顺其自然。对于年老体弱的人来说，每分钟走 60～70 步；健行者每分钟 70～90 步；疾病初愈的人，也能外出踏青郊游，走一走歇一歇，时快时慢，有利于病后恢复。

项目 8：放风筝。

放风筝是集休闲、娱乐和锻炼为一体的养生方式。踏青出游，一线在手，看风筝乘风高升，实在是一件快事。风筝放飞时，不停地跑动、牵线、控制，通过手、眼的配合和四肢的活动，可以达到疏通经络、调和气血、强身健体的目的；眼睛一直盯着风筝远眺，可以调节眼肌，消除疲劳。

当然，放风筝最好两三人搭伙，选择平坦、空旷的场地，远离湖泊、河边以及有高压电线的地方。

项目 9：打太极。

打太极是一个很好的运动方式。为了取得最佳效果，可以将地点选在户外，不仅能吸收到空气中的负氧离子，还方便运动。

项目 10：跳绳。

跳绳可以燃烧大量的脂肪，对于体重 67.5 千克的女性来说，跳绳每分钟可以消耗 11.4 卡路里的脂肪，提高心肺活力、身体敏捷度和协调能力。如果想拥有魔鬼身材，现在就要开始动起来。

◎夏日健身运动

夏天天气炎热,人体消耗较大,因此体育活动必须讲究方法,必须合理安排,才能收到好的健身效果。适合夏季的健身运动方式有:

1. 骑自行车

骑自行车适合不喜欢快节奏运动的人,不仅可以自行调整节奏,还能锻炼全身肌肉。器材简便,没有太多局限。

2. 瑜伽

瑜伽是一项热门的健身养生运动,在炎热的夏天,瑜伽舒缓的节奏能有效缓解焦虑。长时间进行瑜伽锻炼,还能调整呼吸,预防疾病。

3. 打太极拳

太极拳作为一项体育运动,具有养生保健功能,能推迟身体各组织器官的功能退化,有效地起到健身、疗疾、延缓衰老的作用。

4. 广场舞

炎热的夏季,晚饭后可以出去跳跳广场舞。这是一种全身运动,能使全身各个关节得到活动和锻炼,达到强身健体的作用。长期坚持下去,还能有效防病治病。

5. 钓鱼

炎热的气候往往使人烦闷和焦躁,垂钓需要脑、手、眼的配合,静、意、动的相助，可以提高人的视觉和反应能力。而且，湖滨、溪畔、河旁空气中含有较多负氧离子，还能提高人体免疫力。

6. 慢跑

在夏天慢跑，不仅能增强血液循环，改善脑血液供应，还能促进新陈代谢，加速能量消耗，健美燃脂。因此，在夏天早上的公园总会看到晨跑的人群。需要注意的是，不要空腹慢跑，以免给肝脏带来负担。

7. 打羽毛球

羽毛球多在室内球场进行，不容易被晒到，是夏季运动的理想选择。羽毛球运动能够让人眼明、手快，全身得到锻炼，不但可以强身健体、减肥塑身、预防颈椎病，还能促进新陈代谢，使体内毒素随汗排出。

8. 健步走

健步走不需要准备特殊运动器材，与日常行走没有太大区别，强度适中，受众范围广，安全可靠。只要三五成群结伴而行，保持一定的速度和频率，就能达到很好的健身效果。健步走属于有氧运动，能够燃烧脂肪，减少心脑血管疾病；健步走的节奏平稳规律，能够加强对心脏的锻炼。

9. 健身球

健身球，又叫保定铁球，此运动能调和气血、舒筋健骨、健脑益智。其运动量小，不受场地、气候的限制，适宜夏天练习。经常坚持练习健身球，可以有效缓解偏瘫后遗症、颈椎病、肩周炎、冠心病、手指功能障碍等疾病。此外，铁球与手掌皮肤的频繁摩擦，还能增进血液循环，辅助治疗周身各部位疾病。

10. 游泳

夏季参加体育锻炼，最好的当属游泳。骄阳似火，热风扑面，去游泳

池游几圈，不仅能锻炼身体，又能祛暑消夏。游泳的好处主要体现在：一是能提高人的呼吸系统的功能，增强心脏的功能，减少代谢废物在血管壁上的沉着。二是能提高大脑皮层的兴奋性，工作后到水中游泳片刻，就会感到精神振奋，疲劳消失，周身轻快。三是经常参加游泳，能够让脂肪类物质较好地代谢，避免脂肪在大网膜和皮下堆积形成肥胖病。

第九章
健身塑形：好身材，更自信

◎秋季健身运动

秋高气爽，要在这个季节里锻炼好身体，因为到了冬天大家就不太愿意出去了。那么，什么样的运动适合在秋天展开？

1. 滑冰

平时活动少、即使周末也懒得锻炼的人，可以试着滑冰。滑冰是集锻炼、娱乐于一身的健身项目，不仅能锻炼腿部肌肉，还能提高肢体的灵活性和协调性。滑旱冰每半小时消耗热量 175 千卡，可以增强全身灵活性和身体各部位力量。

2. 骑自行车

骑自行车是一项非常时尚的运动，能够给生活带来很多快乐，不仅可以减肥，还能让身材更加匀称迷人。经验表明，自行车运动能让人产生一种荷尔蒙，会使你感到心胸开朗、精神愉快。骑自行车和跑步、游泳一样，都能改善心肺功能的耐力性，不仅是一项减肥运动，更能实现心灵的愉悦。

3. 爬山

爬山非常消耗体力，但能有效缓解身体的压力，感受大自然的美丽，同时陶冶我们的情操；可以促进毛细血管功能，让人感到全身舒爽通畅；可以明显提高腰、腿部的力量，提高速度和耐力，提高身体的协调平衡能

力，加强心、肺等功能；能增加肺通气量和肺活量，增强血液循环和脑血流量，提高小便酸度。

4. 潜水

每天朝九晚五、按部就班地工作，生活没有太大变化的人群，如文秘等，可以去潜水。潜水能满足你对刺激和自由生活的期盼，远离人群的水底，完全是一个与现实完全不同的世界，在这里，可以像鱼一样自由自在，快乐似神仙。从水底回到现实世界，还会产生一种脱胎换骨的感觉，原本羁绊的心结、烦恼也会变得无足轻重。

5. 水中慢跑

自由自在地在水中慢跑已成为当今国外最新的一项健身运动。因为在水中慢跑，能平均分配身体负载；同时，在深水中，跑步者下肢不会受到震荡，不易受伤，运动后会感到通体舒畅。水的阻力是空气阻力的12倍，在水中跑45分钟相当于在陆地跑两小时，水中慢跑对肥胖者尤其适用。水的密度和传热性比空气大，水中慢跑消耗的能量也比陆地多，可以逐渐去掉体内过多的脂肪。

第九章
健身塑形：好身材，更自信

◎冬季健身运动

哪几种运动适合冬季健身？

1. 跳绳

跳绳是一种非常有效的有氧运动，耗时少、耗能大，跳绳30分钟就能消耗掉400千卡的热量。跳绳的花样众多，有的简单，有的复杂，特别适合冬季进行。

2. 慢跑

慢跑，不仅能增强血液循环、改善心肺功能，还能改善脑的血液供应和脑细胞的氧供应，减轻脑动脉硬化；甚至可以有效地刺激代谢，增加能量消耗，进而减肥健美。

3. 骑自行车

骑自行车能预防大脑老化，提高心肺功能，锻炼下肢肌力和增强全身耐力。骑自行车不仅能使下肢髋、膝、踝3对关节和26对肌肉受益，还会让颈、背、臂、腹、腰、腹股沟、臀部等处的肌肉得到锻炼。骑自行车是周期性的有氧运动，锻炼者会消耗较多的热量，从而达到减肥的效果。

4. 高温瑜伽

高温瑜伽通常在38℃～42℃的练习房里进行，可以加快血液循环，让因缺少运动而变硬的肌肉和筋骨变得柔软。练习高温瑜伽时，身体会出很多汗，能加快人体新陈代谢，排出部分毒素；练习高温瑜伽后，身体能把充满氧气的新鲜血液输送到各个部位，不仅能减肥，还能让体内腺体活动正常

化，对长期失眠、偏头痛、腰背痛、颈椎病、肠胃疾病有治疗作用。

5. 滑雪

冬天必不可少的一项运动就是滑雪，不仅能给你带来速度享受，还可以锻炼身体的平衡能力、协调能力和柔韧性。这项运动并不激烈，但能让头、颈、手、腕、肘、臂、肩、腰、腿、膝、踝等部位得到充分锻炼，激活僵硬的身体，增强身体的柔韧性，减掉多余脂肪。

当然，做冰雪运动前，一定备足御寒衣物，尽量穿戴专业滑雪服、手套、滑雪帽。同时，雪地上阳光反射较强，为了避免雪盲，要配戴专业滑雪镜；在运动过程中，还要根据身体发热程度适当减少衣物，提高人体舒适度；运动结束后，要尽快到室内封闭场地，避免遭受风寒。

6. 爬楼梯

爬楼梯是一项较激烈的有氧锻炼形式，锻炼者须具备良好的健康状况，可以采用走、跑、多级跨越和跳等运动形式。锻炼者可以根据自己的身体状况和环境条件，选择适合自己的锻炼方法；要从慢速并持续20分钟开始，随着体能的提高，逐步加快速度并加长锻炼时间。

当然，爬楼梯时速度不能太快，运动量也不能太大，要循序渐进，持之以恒。如果一个楼梯组12级、每级高20厘米，开始锻炼时，每分钟要登4个横梯组，即约1秒钟登1级，转弯平台处用3秒钟。这种速度比较稳妥，不会引起内脏和其他各部位的不良反应，以后再适当加快。

7. 保龄球

冬日寒风凛冽，约几个朋友一起去打一场保龄球，不但可以锻炼身体、减轻压力，还能避免室外运动造成的呼吸道刺激。

保龄球运动有很多礼仪，起着安全保护作用。按照规矩，要等待相邻球道，特别是右侧球道投球后再出手。因为一旦运动者摔到相邻球道，而这边的人正在出手投球，会出现很大的危险。因此，千万不要走进球道。为了减少小球滚动的摩擦力，球道上通常会抹些油，人走在上面跟走在冰面上一样滑，非常危险。如果东西掉在球道里，一定要请工作人员帮助捡出。